Bibliografische Information der Deutschen Nationalbibliothek
Die Deutsche Nationalbibliothek verzeichnet diese Publikation in der Deutschen Nationalbibliografie; detaillierte bibliografische Daten sind im Internet über http://dnb.ddb.de abrufbar.

Dieter Georg Herbst / Nicholas Qyll
Corporate Imagery
Wie Ihr Unternehmen ein Gesicht erhält
PR Praxis, 33
Köln: Halem, 2023

1. Auflage 2004 (Cornelsen Verlag, Berlin)
2. Auflage 2023

ISBN (Print): 978-3-86962-641-3
ISBN (PDF): 978-3-86962-642-0
ISSN: 1863-8988

Den Herbert von Halem Verlag erreichen Sie auch im Internet
unter http://www.halem-verlag.de
E-Mail: info@halem-verlag.de

Umschlaggestaltung und Satz: Bureau Heintz, Stuttgart
Umschlagfoto: Berliner Stadtreinigung (BSR)
Lektorat: Rüdiger Steiner
Druck: FINIDR, S.R.O., Tschechische Republik

CORPORATE IMAGERY

Wie Ihr Unternehmen ein Gesicht erhält

Dieter Georg Herbst, Nicholas Qyll

2., völlig überarbeitete Auflage

HERBERT VON HALEM VERLAG | Köln

INHALT

Georg Adlmaier-Herbst widmet dieses Buch
Christian Adlmaier sowie seinen Freunden
Anke Jokanovic und Michael Brühn.

Nicholas Qyll widmet das Buch seinem
besten Freund Björn Sorge
(Partner in Crime).

VORWORT

Welches innere Bild entsteht, wenn Sie an „Becks Bier" denken? – Das grüne Segelschiff? Und kommt Ihnen bei „Milka" die lila Kuh auf einer Alpenwiese in den Sinn? Krombacher? Anhand solcher inneren Bilder können wir Marken schnell erkennen, von anderen unterscheiden und diesen vorziehen. Welche bildlichen Assoziationen entstehen bei Unternehmen wie Allianz, Bertelsmann oder Google? Vielen Menschen fehlt ein klares, attraktives visuelles Vorstellungsbild von diesen Unternehmen. Haben Ihre Kunden, Geschäftspartner und Mitarbeiter ein klares und starkes inneres Bild davon, wer Sie sind, was Sie bieten und warum Sie einzigartig attraktiv sind?

Corporate Imagery Management ist das vorausschauende, systematische und langfristige Gestalten visueller Bilderwelten von Organisationen. Diese lassen innere Bilder bei Mitarbeitern, Kunden, Journalisten und anderen wichtigen Bezugsgruppen entstehen. Aufgrund dieser inneren Bilder ziehen diese Gruppen dieses Unternehmen einem anderen vor.

Bilder wirken sehr stark: Sie fallen schnell auf – schon nach nur 200 Millisekunden reagieren wir auf ein Bild. Das ist die Zeit eines Lidschlags. Wir nehmen Bilder leicht auf und verarbeiten sie schnell. Wir können uns lange an sie erinnern und bei Bedarf schnell abrufen. Paris? Welche inneren Bilder entstehen? New York? Venedig? Das Wichtigste: Innere Bilder ziehen wir heran, wenn wir vor der Entscheidung stehen, ein Unternehmen durch unser konkretes Handeln zu unterstützen – sei es, dort als Mitarbeiter tätig zu werden, als Kunde dessen Produkte zu kaufen oder als Journalist darüber zu berichten. BMW? Tesla? Google? Wo lege ich mein Geld an, weil es dort sicher ist? Wo würde ich gern arbeiten? Bilder sind Reize für ein System in unserem Gehirn, das darüber entscheidet, ob wir etwas mögen oder nicht. Bilder sind somit nicht lediglich nette Anhängsel zum Aufhübschen von Presseinformationen, sondern hochleistungsfähige Informationsträger, die über unser Denken, Fühlen und Handeln entscheiden. Viele Wirkungen sind uns unbewusst – wir bekommen hiervon nichts mit: Schon in einer Sekunde können wir ein erstes Urteil über einen anderen Menschen fällen. In 30 Millisekunden ahnen wir bereits, ob er vertrauenswürdig ist. Wie dieses Urteil entstanden ist, bekommen wir nicht mit. Dieses Buch stellt viele Beispiele solcher unbewussten Wirkungen vor.

Professionelle Bilderwelten wirken schnell und stark auf unser Verhalten.

Wir lieben mitreißende, attraktive Bilderwelten von Unternehmen wie Tesla, Adidas, SpaceX. Wir lieben diese Unternehmen dafür und können nicht genug von ihnen bekommen. Bilderwelten eignen sich hervorragend, um Mitarbeitern, Journalisten oder Geldgebern Fakten mitreißend visuell zu vermitteln – Bilder vom Wandel des Unternehmens, von Innovationen, Markterfolgen, einzigartigen Produkten und begeisterten Kunden. So können Bilder auch Firmenchefs wirkungsvoll und verhaltenswirksam inszenieren, wie dies Steve Jobs zu Lebzeiten vorgemacht hat und Elon Musk heute gelingt. Bilderwelten bewirken, dass wir Unternehmen, Personen und deren Leistungen stärker erleben. Bilderwelten von Unternehmen gehören gemeinsam mit dem Storytelling zu den beiden größten ungenutzten Ressourcen in der Unternehmenskommunikation. Soweit zu den gelungenen Beispielen für Bilderwelten von Unternehmen.

Ein Blick in die Praxis zeigt, dass dies leider nur Einzelfälle sind: Fast immer sind in der Unternehmenskommunikation von Unternehmen Bilder zu sehen – doch meist nicht für längere Zeit und ohne eine visuelle Klammer, die Bilder wiedererkennbar macht. Stattdessen zeigen die Fotos Menschen, Maschinen und Produkte, Gebäude und Events, die kurzfristig als Blickfang dienen, aber oft wechseln. Jedoch verhindert häufiger Wechsel dauerhaftes Lernen der Bildmotive. Selbst innerhalb eines Geschäftsberichts wirken Bilder oft beliebig und es ist nicht klar, wie sie inhaltlich und formal zusammengehören.

Professionelle Bilderwelten sind das Gesicht des Unternehmens. Sie schaffen klare visuelle Erlebnisse und vermeiden diffuse Eindrücke, die verwirren können.

Solche diffusen Eindrücke entstehen, wenn ein Unternehmen zu viele unterschiedliche Bilder in Broschüren, auf Messen und Websites einsetzt. Ein Beispiel wäre das Unternehmen Thyssen-Krupp, das durch die fantastische Kampagne „Wir entwickeln die Zukunft für Sie" in der breiten Öffentlichkeit bekannt geworden ist. An dieses Konzept knüpfen sie in ihrer sonstigen Unternehmenskommunikation aber nicht an. Ein Gegenbeispiel ist die Bilderwelt von Merck, die sich konsequent durch die gesamte Unternehmens- und Produktkommunikation zieht – bis in die Architektur (Corporate Architecture), wie die Beispiele in Kap. F4 zeigen.

So bleibt vor allem in der Öffentlichkeitsarbeit (Public Relations) das Potenzial von professionellen Bilderwelten bisher ungenutzt – ein bedauerliches und kostspieliges Versäumnis: Wer auf den Einsatz professioneller Bilderwelten verzichtet, verschenkt eine große Chance, sich am Markt besser zu positionieren und sich im Wettbewerb durchzusetzen.

Ein Unternehmen sollte – wie ein Mensch – ein Gesicht besitzen, um zu fühlen, ob man diesem Unternehmen vertrauen kann.

Was ist eine gelungene Bilderwelt? Die Bilderwelt sollte die Kernaussage des Unternehmens visuell vermitteln und diese über längere Zeit wiederholen, damit die Bezugsgruppen diese Kernaussage lernen und schnell abrufen können. Ein Beispiel ist die Württembergische Versicherung mit dem Motiv „Der Fels in der Brandung". Haben Ihre Kunden, Geschäftspartner und Mitarbeiter ein klares und starkes inneres Bild davon, wer Sie sind, was Sie bieten und warum Sie einzigartig und wichtig sind?

Der Aufbau und die Entwicklung professioneller Bilderwelten können heute und künftig entscheidend zu Ihrem Kommunikationserfolg beitragen, denn sie sind stark verhaltenswirksam. In der weiterhin zunehmenden Informationsflut in den Massenmedien ermöglichen sie, aufzufallen und herauszustechen. Ein weiterer Grund ist das sinkende Interesse von Menschen an der Unternehmenskommunikation: Bilderwelten sind unter diesen Bedingungen hervorragend geeignet, um Aufmerksamkeit in der Bilderflut zu wecken, über das Unternehmen zu informieren, intensive Erlebnisse zu erzeugen und stark auf das Handeln zu wirken – selbst, wenn Menschen wenig interessiert am Unternehmen sind.

Langfristiges und systematisches Vorgehen

Langfristig wirkungsvolle Bilderwelten entstehen durch systematisches und kontinuierliches Gestalten des visuellen Auftritts des Unternehmens. Aus der Werbung kennen wir gelungene Beispiele wie Red Bull, Edeka und Puma. Doch selbst den größten DAX-Unternehmen ist es nicht gelungen, einzigartige Bilderwelten aufzubauen, wie die Beispiele von Bayer, BASF, Allianz und Deutsche Bank zeigen. Oder haben Sie sofort klare, innere Bilder von diesen Unternehmen, die Sie in den letzten Jahren verinnerlicht haben und die authentisch, einzigartig und attraktiv sind? Somit bleibt eine der größten Ressourcen für wirkungsvolle Kommunikation ungenutzt.

Wegen der rasant fortschreitenden Digitalisierung in der Gesellschaft sind Bilderwelten umso wichtiger, weil sie langfristig Vertrauen herstellen und Orientierung in der sich schnell wandelnden Welt geben können (siehe Kap. G4). Künftig wird es viele neuartige Bilderwelten geben: durch Organe aus dem 3D-Drucker, ferngesteuerte Häuser, durch Smart Home, fahrerlose Mobilität, immersive Webanwendungen und das Metaversum. Diese Innovationen bringen neue Erlebnis- und Bilderwelten mit sich – wie die Beispiele von Flugtaxis und fahrerlosen Autos zeigen. Solche völlig neuartigen Bilderwelten zu entwickeln, wird die künftige Aufgabe der Corporate Imagery sein – vorausgesetzt, die Unternehmen bauen zügig Kompetenz in Sachen Bilderwelten auf und entwickeln eine auf die Anforderungen ihrer Unternehmenskommunikation zugeschnittene Bildsprache, in die sie bestenfalls auch ihre bisherigen Gestaltungselemente integrieren können.

Corporate Imagery eröffnet Ihnen ein Potenzial, das Ihnen dauerhafte Wettbewerbsvorteile verschafft: Profilierung durch ein einzigartiges Profil aus stark verhaltenswirksamen inneren Bildern.

Ob Großunternehmen, Anwaltskanzlei, Werbeagentur, Schuster, Konditorei, Umweltschutz- oder Hilfsorganisationen – jedes Unternehmen und jede Organisation kann von Corporate Imagery Management profitieren. Bilder und Unternehmensgesichter sind wichtiger denn je. Oft hören wir an dieser Stelle die Klage, dass Großunternehmen genügend Geld hätten, um langfristige Bilderwelten aufzubauen, hingegen klein- und mittelständische Unternehmen nicht. Unsere Antwort lautet: Gerade diese Unternehmen sollten ihr Geld noch wirksamer einsetzen, um sich im Wettbewerb zu behaupten. Wie dies gelingen kann, beweisen immer wieder kleine Unternehmen wie das Kurhaus Schärding in Österreich (siehe Kap. D3). Ein weiterer Einwand kommt von Dienstleistern: Sie meinen, dass eine Dienstleistung nicht visualisierbar ist. Wir zeigen Ihnen in Kap. G2, wie dies gelingen kann.

Über dieses Buch

Seit Ende der 1990er-Jahre beschäftige ich (Dieter Georg Herbst) mich mit Bilderwelten von Unternehmen. Mit meinem Buch *Corporate Imagery* (2004) verband ich die Hoffnung, dass sich die Wirkung von Bilderwelten schnell herumspricht. Leider muss ich nach fast 20 Jahren feststellen, dass noch zu wenige Unternehmen und Organisationen übergreifend entwickelte Bilderwelten aufbauen und langfristig einsetzen. Mit diesem Buch nehme ich gemeinsam mit dem Design-Experten Nicholas Qyll einen zweiten Anlauf, durch aktuelle Erkenntnisse der Wissenschaft den Einsatz von Bilderwelten in der Unternehmenskommunikation zu fördern. Unser Buch erläutert, was Corporate Imagery Management ist. Sie erfahren, wie Sie hierdurch klare, attraktive innere Bilder bei Ihren wichtigen internen und externen Bezugsgruppen erzeugen können.

Aufbau

Das Buch ist folgendermaßen aufgebaut:

- In Kapitel A erfahren Sie, was Corporate Imagery Management ist, welche Rolle es für die Corporate Identity spielt und welche Eigenschaften wirkungsvolle Bilderwelten haben. Wir erläutern, warum Bilder so stark wirken, welche Ziele das Corporate Imagery Management hat und wie es den Unternehmenswert steigert.
- In Kapitel B werfen wir einen Blick in die aktuelle Bildpraxis: Wir zeigen den derzeitigen Stand von Bilderwelten in Unternehmen, erklären, warum die klassischen Gestaltungselemente nicht mehr ausreichen, und zeigen Fehlerquellen im Bildeinsatz auf. Wir diskutieren, welche Gründe die Defizite haben und wie sie sich beseitigen lassen.
- Kapitel C thematisiert, welche Bedeutung Bilder haben, welche Funktionen sie in der Unternehmenskommunikation übernehmen, wie Bilder wirken und wie Ihre Bilder die Wahrnehmung Ihrer Bezugsgruppen erleichtern können.
- In Kapitel D beantworten wir Fragen zu den Wirkprinzipien von Bilderwelten: Welche wichtigen Prinzipien liegen wirkungsvollen Bilderwelten zugrunde? Wie können Sie durch Ihre Bilderwelt einen wichtigen Beitrag zur Entscheidungsfindung Ihrer Bezugsgruppen leisten?

Wie tragen Bilder maßgeblich zum Handeln Ihrer Bezugsgruppen bei? Und wie sorgen Sie dafür, dass Ihre Bilder ins Herz treffen?

- In Kapitel E erfahren Sie, wie Sie in 10 Schritten zur langfristigen Bilderwelt gelangen.
- Kapitel F zeigt auf, wie Sie kreative Bildideen entwickeln können, welche Motive sich für Ihre Bilderwelt besonders eignen, wo Sie Ihre Bilderwelt einsetzen können und wie Sie vorhandene Bilder optimieren können.
- In Kapitel G lernen Sie den Einsatz von Bilderwelten kennen: Wir erläutern, wie Sie kreative Bildideen in der internen Kommunikation einsetzen können, wie auch Dienstleister von der Bildwirkung profitieren können, wie Sie Bilder in Mittel und Maßnahmen präsentieren und welche Konsequenzen die Digitalisierung für Bilderwelten hat.
- Kapitel H zeigt auf, wie Sie den Prozess des Corporate Imagery Managements systematisch und langfristig gestalten können. Wir diskutieren die Rolle von Corporate Imagery im übergeordneten Prozess der Gestaltung der Corporate Identity. Und Sie erfahren, mit welchen Methoden und Instrumenten Sie die Bildwirkung messen können.
- Der Anhang bietet Ihnen Checklisten, Literatur zum Thema und ein Quiz, mit dem Sie Ihr Wissen über die Wirkung von Bildern testen können..

Hinweise

Im Folgenden noch einige Hinweise zur Einordung des Buches und zu seinen Begrifflichkeiten:

- Dieses Buch ist die völlig überarbeitete Neuauflage des Buches *Corporate Imagery* von Dieter Georg Herbst, in dem es über die Entwicklung von strategischen Bilderwelten für Unternehmen geht. Der operative Einsatz von Bildern in den PR ist beschrieben in meinem Buch *Bilder, die ins Herz treffen*, das 2012 im Falkenberg Verlag erschienen ist.
- Der Begriff „Corporate Imagery Management“ soll verdeutlichen, dass es sich bei der Entwicklung von Bilderwelten um einen Managementprozess handelt, der systematisch und langfristig angelegt ist. Hierbei handelt es sich nicht um ein neues Konzept, sondern es lehnt sich an die jahrzehntelangen, umfangreichen Erkenntnisse der

Imagery-Forschung an – also die Forschung über Entstehung, Verarbeitung, Speicherung und Verhaltenswirkung innerer Bilder.
- Dieses Buch ist eine Einführung. Mehr kann es nicht sein, weil viele Aspekte wie die Bildwirkung eigene Bücher füllen könnten. Im Buch *Bilder, die ins Herz treffen* von Dieter Georg Herbst sind die wissenschaftlichen Grundlagen der operativen Bildverarbeitung und Bildwirkung beschrieben. Im Buch *Visual Person Branding* von Nicholas Qyll werden die Bilderwelten von ikonischen Personenmarken analysiert.
- Unternehmenskommunikation steht in diesem Buch für die interne Kommunikation, die Marktkommunikation und die Öffentlichkeitsarbeit (Public Relations). Da es schon viele Bücher über Bilder in der Werbung gibt, liegt der Schwerpunkt in diesem Buch auf Bilderwelten von Unternehmen. Auf die Zusammenhänge von Unternehmens- und Produktbildern gehen wir in Kap. E5 ein.
- Der Begriff „innere Bilder" umfasst nicht nur visuelle Bilder, sondern auch Hör-, Geruchs-, Geschmacks- und Tastbilder. In diesem Buch konzentrieren wir uns auf visuelle Bilder, gehen aber auch auf Multisensorik ein.
- Die Erkenntnisse und Empfehlungen in diesem Buch sind universell anwendbar: Sie gelten für kleine, mittlere und große Unternehmen, Organisationen und sogar für Einzelpersonen wie Politiker. Hieraus erklärt sich der breite Leserkreis, an den sich dieses Buch wendet. Der besseren Lesbarkeit halber verwenden wir für alle den Begriff „Unternehmen".
- Aus dem gleichen Grund verwenden wir ausschließlich die männliche Sprachform, auch wenn Frauen ausdrücklich gleichermaßen gemeint sind.

Danksagung

Wir bedanken uns herzlich bei den nachfolgenden Unternehmen und deren VertreterInnen für die freundliche Unterstützung sowie die Bereitstellung und Veröffentlichungserlaubnis der im Buch abgedruckten Unternehmensbilder:
- **Adidas:** Stefan Pursche (Director Media Relations)
- **Congstar:** Ann-Kathrin Eisenkrämer (Corporate Communications)

- **Berliner Stadtreinigung (BSR):** Susanne Jagenburg (Leiterin Kommunikation & Marketing), Mandy Leetz (Kommunikation & Marketing)
- **Berliner Verkehrsbetriebe (BVG):** Iris Förster (Kommissarische Sachgebietsleitung, Kommunikation V-UK1), Nicole Christ (Corporate Design Management), Markus Falkner (Pressesprecher)
- **Deutsche Post DHL Group (DPDHL):** Martin Knapp (Senior Manager Brand Strategy, Bonn), Dieter Schuhmachers (Pressesprecher, Düsseldorf), Siona Steinacker (Agentur Strichpunkt)
- **Merck:** Christine Blum-Heuser (Associate Director Brand Initiative), Sabia Schwarzer (Head of Marketing Communications)
- **Oatly:** Sophie Ritter (Public Relations Manager)
- **Telefónica/O_2:** Markus Fuhrmann (Head of Communication Strategy & Management), Rafael Binczyk (Senior Brand Manager), Meike Dipner (Brand Manager)

A

UNTERNEHMEN ERHALTEN EIN GESICHT

In diesem Kapitel erfahren Sie,

- was Corporate Imagery Management ist;
- welche Rolle es für die Corporate Identity spielt;
- welche Eigenschaften wirkungsvolle Bilderwelten haben;
- warum Bilder so stark wirken;
- welche Ziele das Corporate Imagery Management hat;
- wie es den Unternehmenswert steigert.

Corporate Imagery Management ist das systematische und langfristige Gestalten visueller Bilderwelten von Unternehmen. Die Bilderwelt erzeugt starke und klare innere Bilder bei Mitarbeitern, Kunden, Journalisten, Geschäftspartnern und Aktionären. Aufgrund dieser inneren Bilder ziehen die Bezugsgruppen ein Unternehmen einem anderen vor. Corporate Imagery ist visueller Ausdruck der Unternehmenspersönlichkeit (Corporate Design) und somit Teil der Corporate Identity eines Unternehmens.

A1 CORPORATE IMAGERY UND CORPORATE IDENTITY

Den Begriff „Corporate Identity" haben die beiden Unternehmer J. Gordon Lippincott und Walter P. Margulies entwickelt. 1943 gründeten sie die Agentur Lippincott & Margulies, die zuerst auf Verpackungsdesign und die Identität von Markenprodukten ausgerichtet war. In den 1960er-Jahren prägten sie die Bezeichnung „Corporate Identity" und boten fortan die ganzheitliche Gestaltung von Unternehmenspersönlichkeiten an. In Deutschland begann sich der Begriff in den 1980er-Jahren durchzusetzen. Schauen wir uns die Begriffsbestandteile genauer an:

- **Corporate:** „Corporate" stammt aus dem Englischen und bedeutet als Substantiv: „Körperschaft", „Unternehmen", „Zusammenschluss". Als Adjektiv steht das Wort für „vereint", „gemeinsam", „gesamt". Es geht also um eine Organisation oder Gemeinschaft als Ganzes – egal ob Unternehmen, Verein, Verband, Partei, Familie, Gewerkschaft, Polizei, Kirche, Stadt, Region oder Land.
- **Identity** in sozialen Gemeinschaften bedeutet Selbstverständnis über die eigene Unternehmenspersönlichkeit (Selbstbild): Wie sehen wir uns? Wie wollen wir sein? Wie sehen uns die anderen (Fremdbild)? Wie sollen uns andere sehen? Das Selbstverständnis zeigt sich im Denken, Fühlen und Handeln des Unternehmens. Je mehr Mitarbeiter mit dieser Einschätzung übereinstimmen, desto einheitlicher und ausgeprägter ist das gemeinsame Selbstverständnis über die Unternehmenspersönlichkeit. Bestehen dagegen sehr unterschiedliche Vorstellungen über das Selbstverständnis, kann das Unternehmen keine klare und eindeutige Persönlichkeit vermitteln – es gilt als unklar und diffus. Das Selbstverständnis über die Unternehmenspersönlichkeit entsteht auch aus der Beziehung zwischen dem Unternehmen und seinem externen Umfeld.

- **Management:** Der Begriff steht für das systematische und langfristige Vorgehen aus Analyse, Planung, Kreation und Kontrolle.

Corporate Identity Management ist die systematische und langfristige Gestaltung des gemeinsamen Selbstverständnisses eines Unternehmens über seine Unternehmenspersönlichkeit. Die Bilderwelt ist wichtiger Ausdruck hiervon.

Langfristige Gestaltung des Selbstverständnisses

Corporate Identity Management kann das Selbstverständnis des Unternehmens gezielt und langfristig gestalten: Das Unternehmen erkennt in einem systematischen Prozess seine Persönlichkeit und vergleicht diese mit Wünschen und Erwartungen seiner Bezugsgruppen. Auf dieser Basis entscheidet sich das Unternehmen, ob es sein gemeinsames Selbstverständnis ändern möchte und wie dieses aussehen soll. Diese Entwicklung der Unternehmenspersönlichkeit wird durch den Identitätsmix, also das Erscheinungsbild (Corporate Design), die Kommunikation (Corporate Communication) und das Verhalten (Corporate Behavior) nach innen und außen vermittelt. Das Selbstverständnis wird immer wieder kritisch geprüft, um sich internen und externen Entwicklungen anzupassen.

Die Unternehmenspersönlichkeit

Im Zentrum des Corporate Identity Managements stehen der Aufbau und die systematische Entwicklung der Unternehmenspersönlichkeit. Die Unternehmenspersönlichkeit ist – wie die Persönlichkeit des Menschen – durch ein oder mehrere Merkmale gekennzeichnet, die dieses Unternehmen dauerhaft von anderen Unternehmen unterscheidet: Volvo steht für Sicherheit, Audi für „Vorsprung durch Technik", BMW für Freude am Fahren. Ebenso wie die starke Persönlichkeit eines Menschen in einer Gruppe, hebt sich die starke Unternehmenspersönlichkeit wie ein Leuchtturm in der Flut von Unternehmen ab. Durch seine einzigartigen und unverwechselbaren Merkmale wird das Unternehmen für andere vertrauenswürdig und gilt als verlässlich: Die Handelskette The Body Shop steht für soziale Verantwortung, Disney für Familienwerte.

Diese Merkmale sind für die Bezugsgruppen bedeutend und machen das Unternehmen für sie attraktiv.

Die starke Unternehmenspersönlichkeit präsentiert sich durchgängig in allen Kontakten mit den Bezugsgruppen – also in Design, Kommunikation und Verhalten. In jedem Kontakt erkennen die Bezugsgruppen die Unternehmenspersönlichkeit. Die Unternehmenspersönlichkeit dient somit dem:

- **Identifizieren:** Die Bezugsgruppen können das Unternehmen klar erkennen und ihm bestimmte Eigenschaften eindeutig zuordnen.
- **Differenzieren:** Die Bezugsgruppen können das Unternehmen deutlich von anderen Unternehmen unterscheiden.
- **Profilieren:** Für die Bezugsgruppen sind die Eigenschaften wichtig und können sie bei der eigenen Zielerreichung unterstützen. Sie sind davon überzeugt, dass das Unternehmen dies aufgrund seiner Kompetenz auf einzigartige Weise leisten kann.

Visueller Ausdruck der Unternehmenspersönlichkeit

Corporate Imagery ist Teil der Corporate Identity, weil sie visueller Ausdruck der Unternehmenspersönlichkeit ist. Der Prozess zur Gestaltung einer Bilderwelt besteht aus vier Schritten:

1. **Erkennen:** Sie erkennen bewusst und systematisch Ihre Unternehmenspersönlichkeit sowie deren Potenzial und vergleichen sie mit den Wünschen und Erwartungen Ihrer Bezugsgruppen. Das Selbstverständnis Ihrer Unternehmenspersönlichkeit formulieren Sie im Erlebnisversprechen. Das Erlebnisversprechen ist jenes einzigartige und attraktive Erlebnis, das Bezugsgruppen haben, wenn sie dem Unternehmen begegnen. Dieses Erlebnisversprechen ist für Bezugsgruppen wie Kunden, Geldgeber und Journalisten bedeutend und belohnend, weil es intensive Erlebnisse auslöst. Die Formulierung des Erlebnisversprechens zwingt Unternehmen, mit den Augen der Bezugsgruppen zu sehen (siehe Kap. E1).
2. **Entwickeln:** Aus dem Erlebnisversprechen entwickeln Sie eine auf die Zukunft gerichtete Bilderwelt als Ausdruck Ihrer Unternehmenspersönlichkeit.

3. **Vermitteln:** Diese von Ihnen entwickelte Bilderwelt vermitteln Sie an Ihre internen und externen Bezugsgruppen.
4. **Steuern und Kontrollieren:** Sie prüfen im Zeitverlauf, ob Ihre Bilderwelt Ihre Unternehmenspersönlichkeit angemessen transportiert und zeitgemäß ist.

Wir beschreiben diese vier Schritte ausführlich in Kap. H.

Corporate Imagery Management ist das gezielte, systematische und langfristige Gestalten visueller Bilderwelten von Unternehmen.

Weiterlesen

Eine ausführliche Beschreibung des Corporate Identity Managements finden Sie im Buch *Corporate Identity* von Dieter Georg Herbst (siehe Literaturverzeichnis).

Das Gesicht in der Menge

Bilderwelten sind das Gesicht Ihres Unternehmens in der Masse der Unternehmen. Sie können mit Bilderwelten auf sich aufmerksam machen, informieren und starke Erlebnisse bei Mitarbeitenden, Kunden, Journalisten und anderen wichtigen internen und externen Bezugsgruppen erzeugen. Der starke und einzigartige visuelle Auftritt sorgt dafür, dass die internen und externen Bezugsgruppen Ihr Unternehmen wahrnehmen, wiedererkennen, sich daran erinnern und es infolgedessen bevorzugen. Wichtige Bezugsgruppen erfahren, welche Werte und Normen Ihrem unternehmerischen Handeln zugrunde liegen, damit sie entscheiden können, ob sie das Unternehmen unterstützen. Die Bezugsgruppen können sich mit den Unternehmenswerten identifizieren, was langfristige Beziehungen ermöglicht.

Unternehmen zeigen durch ihre Bilderwelt, wer sie sind, was sie leisten und wieso die Bezugsgruppen mit diesem Unternehmen ihre einzigartigen Ziele erreichen können.

A2 CORPORATE IMAGERY ALS LANGFRISTIGER PROZESS

Corporate Imagery Management verläuft parallel zu den Entwicklungen in Markt, Unternehmen und Gesellschaft – Ihre Bilderwelt sollte sich dementsprechend entwickeln. Lassen Sie die Wünsche, Erwartungen und Ansprüche Ihrer internen und externen Bezugsgruppen bei der Entwicklung Ihrer Bilderwelt einfließen, damit auch ihnen Ihre Bilderwelt gefällt. Ihre Bilderwelt ist einzigartig wie Ihr Unternehmen: In sie fließen dessen Charakter, Eigenarten und Kompetenzen ein. Die Bilderwelt kann nur das glaubhaft ausdrücken, was Ihr Unternehmen tatsächlich denkt, fühlt und wie es handelt – so wird Ihr Unternehmen zur authentischen Einheit. Bilderwelten können auch die Entwicklungen des Unternehmens aufzeigen – was hilfreich in Zeiten der Digitalisierung ist.

Corporate Imagery als visuelle Klammer

Natürlich setzen Unternehmen Bilder schon häufig in ihrer Unternehmenskommunikation ein: in Geschäftsberichten, als Presseinformation, in Facebook-Posts. So weit, so gut. Aber:

- Gibt es eine visuelle Klammer?
- Gibt es eine Verbindung zwischen den Bildern unterschiedlicher Kanäle? Wenn ja, welche? Gibt es eine langfristige, koordinierte Planung des Bildeinsatzes über einen längeren Zeitraum, zum Beispiel über drei bis fünf Jahre? Dies ist wichtig, damit Bezugsgruppen lernen können, wer das Unternehmen ist, was es leistet und warum es die beste Option unter allen Unternehmen ist.
- Wie entwickeln sich die Einzelbilder künftig weiter, damit das Unternehmen interessant bleibt?
- Entstehen durch die Bilderwelt starke, klare und attraktive innere Bilder bei den Bezugsgruppen?

Wie Sie Bilderwelten über Jahre präsentieren, worin der rote Faden besteht und wie Sie diese in allen Mitteln und Maßnahmen strukturieren und organisieren, ist Thema von Corporate Imagery Management: Strategische Bilderwelten sind koordinierte, gezielt und systematisch eingesetzte Bilder, mit denen Sie wichtige Bezugsgruppen langfristig über alle Kontaktpunkte im Rahmen Ihrer strategischen Unternehmenskommunikation ansprechen. Ziel ist, den Aufbau und die Entwicklung des einzigartigen und attraktiven Vorstellungsbildes des Unternehmens (Image) zu unterstützen.

A3 EIGENSCHAFTEN WIRKUNGSVOLLER BILDERWELTEN

Professionelle Bilderwelten haben folgende Eigenschaften:

- **Langfristig angelegt:** Bezugsgruppen sollten die Bilderwelt Ihres Unternehmens lernen können, damit sie die Bilderwelt wiedererkennen, klar zuordnen und sich an sie erinnern. Dies erfordert Zeit. Zeigen Sie daher das zentrale Thema der Bilderwelt über Jahre hinweg, anstatt sie mit jeder neuen Broschüre und jeder neuen Anzeige zu ändern.
- **Stimmige Bildaussagen:** Sie vermeiden widersprüchliche Aussagen, indem Sie Ihrer Bilderwelt ein strategisches Konzept zugrunde legen, an dem sich alle Beteiligten ausrichten. Diese können anhand des Konzepts sicherer entscheiden.
- **Entspringen systematischem Vorgehen:** Wirkungsvolle Bilderwelten wurden nach einem vorgegebenen Plan gezielt und systematisch entwickelt. Der Einsatz einer Bilderwelt ist koordiniert und stimmig – alle Beteiligten sprechen sich ab. Der langfristige Verhaltensplan (Konzept) gibt die Richtung vor und lässt viel Raum für Variation und Eigengestaltung.
- **Ausdruck der Unternehmenspersönlichkeit:** Ihre Bilderwelt ist nicht nur schön, sondern sie ist visueller Ausdruck der Unternehmenspersönlichkeit und damit bedeutend.
- **Enthalten Schlüsselbilder:** Diese erhöhen den Wiedererkennungswert – wie im Fall des schlauen Fuchses von Schwäbisch Hall und dem „Fels in der Brandung" der Württembergischen Versicherung. Diese Schlüsselbilder knüpfen an vorhandene Gedächtnisinhalte der Bezugsgruppen an, um das Lernen zu erleichtern.
- **Starker Gesamtauftritt:** Ihr visueller Gesamtauftritt ist wirkungsvoller, weil Sie Motive, Farben etc. einheitlich ausrichten.

Inkohärenz verursacht dagegen nur Kosten und hinterlässt diffuse Eindrücke beim Empfänger.
- **Einprägsam:** Die Bilderwelt und damit die Kernaussage Ihres Unternehmens wird durch deren umfassenden und wiederholten Einsatz von Ihren Bezugsgruppen gespeichert und behalten.
- **Sprechen alle Sinne an:** Ihre Bilderwelt sollte auch einen Eindruck auf den Geschmacks-, Riech-, Tast- und Hörsinn hinterlassen. Diese multimodale Ansprache erhöht die Wirkung Ihrer Bilderwelt. Wie dies möglich ist, zeigt Kap. C3.
- **Sind über alle Medien transportierbar:** Die Bilderwelt ist in allen Kanälen einsetzbar, also in der persönlichen Kommunikation, in gedruckten Medien wie Broschüren sowie in digitalen Medien wie der Website.
- **Sind inhaltliche und visuelle Ereignisse:** Das Bild ist durch sein Motiv ein inhaltliches Ereignis und durch seine Gestaltung ein visuelles Ereignis. Sie können beispielsweise ein Gesicht zeigen, das durch starke Farbkontraste zusätzlich beeindruckt.

Bilderwelt als flexibler Rahmen

Ihre Bilderwelt sollte ein flexibler Rahmen für alle Gestaltungselemente sein:
- **Einsatz in allen Instrumenten und Maßnahmen:** Bilderwelten stellen den Rahmen für sämtliche Instrumente der internen und externen Kommunikation dar. Ihre Bilderwelt ist Gestaltungsgrundlage vieler weiterer Instrumente und Maßnahmen wie Geschäftsausstattung, Fahnen, Anzeigen, Fuhrpark, Produktkennzeichnung, Events etc.
- **Entwicklung im Zeitverlauf:** Ihre Bilderwelt sollte den Rahmen für Ihren visuellen Unternehmensauftritt in den kommenden Jahren vorgeben, denn es dauert, bis Ihre Bezugsgruppen die Bilder lernen und verinnerlichen, dass diese Bilderwelt zu Ihrem Unternehmen gehört. Hierzu sollte Ihre Bilderwelt einerseits einen Grundtenor aufweisen und andererseits viele Variationen ermöglichen, sodass sie immer neu interpretierbar und doch eindeutig wiederzuerkennen ist.
- **Stimmig mit Produktwelten:** Die Bilderwelt muss vielfältig genug sein, damit sie mit den Produktwelten Ihrer Marken kompatibel ist oder diesen zumindest nicht widerspricht.

- **International auslegbar:** In vielen internationalen Unternehmen ist es notwendig, die Kommunikation auf die Ländermärkte auszurichten, weil dies die kulturelle Vielfalt in den Ländern erfordert. Die Bilderwelt bildet einerseits die visuelle Klammer und ermöglicht dennoch jedem Land bzw. jeder Region, die Bilderwelt auf seine spezielle Weise auszulegen. Hierfür können Sie Mythen nutzen, die weltweit bekannt sind wie das Paradiesschema. Weitere kulturunabhängige Motive sind: Helden, Heiler (Pharma) oder der Weise.

Sorgen Sie sich nicht, Ihre Bilderwelt könnte Sie zu stark einschränken: Sie werden viel kreativen Freiraum haben, die Kernaussage der Bilderwelt immer neu umzusetzen. Das Motto lautet:

So viel Freiheit wie möglich, so wenig Vorgaben wie nötig.

A4 DIMENSIONEN VON BILDERWELTEN

Strategische Bilderwelten haben eine Zeitdimension, eine Inhaltsdimension und eine formale Dimension:

- **Zeitlich:** Sie sind für einen Zeitraum von mindestens drei bis fünf Jahren geplant, möglichst länger, damit Ihre Bezugsgruppen lernen können, wofür Ihr Unternehmen steht, was es leistet und warum es den Bezugsgruppen so einzigartig gut gefällt.
- **Inhaltlich:** Die Inhalte der Bilderwelten folgen einem übergreifenden Grundthema, damit ein klares Vorstellungsbild (Image) entstehen kann. Jede Wiederholung stärkt das neuronale Netzwerk in den Köpfen Ihrer Bezugsgruppen.
- **Formal:** Bilderwelten sind über alle relevanten Kontaktpunkte verteilt – entsprechend des Informationsverhaltens und der Mediennutzung der Bezugsgruppen.

Herausforderung: Komplexität

Die Herausforderung bei der Entwicklung der eigenen Bilderwelt ist deren Komplexität:

- **Dauer:** Der Einsatz der Bilderwelt als Klammer über allen Gestaltungselementen zieht sich über viele Jahre, damit die Bezugsgruppen diese lernen können.
- **Breite:** Mit Bilderwelten sprechen wir sämtliche wichtige Bezugsgruppen an, intern und extern, über alle relevanten Kanäle.
- **Tiefe:** Bilderwelten setzen wir in allen unseren Kommunikationsmitteln ein wie in Presseinformationen, Social Media, Geschäftsberichten, Mailings sowie Image-Anzeigen und auf Websites.

Wie Sie diese Herausforderung meistern können, erläutern wir in diesem Buch.

Begriffe

Bilderwelten (Corporate Imagery): Visuelle Bilder zum Erkennen, Unterscheiden und Profilieren von Unternehmen.

Corporate Imagery Management: Systematischer, gezielter Aufbau und langfristige Entwicklung von Bilderwelten des Unternehmens.

Schlüsselbilder: Sind als gleichbleibendes bildliches Grundmotiv zu verstehen, das den Kern bildet, um den herum Sie Ihre Bilderwelt bauen können, wie das Michelin-Männchen und der Red Bull-Stier.

Innere Bilder (Imagerys): Stark verfestigte und dominierende visuelle Vorstellungen, die sich spontan im Gedächtnis einstellen, wenn nach einem Unternehmen gefragt wird – das sind gespeicherte visuelle Eindrücke. Diese Vorgänge finden in einem eigenständigen Gedächtnissystem statt.

Image: Sämtliche Vorstellungsbilder von Unternehmen, zu denen auch die bildhaften Eindrücke gehören.

Imagery-Forschung: Forschung über Entstehung, Verarbeitung, Speicherung und Verhaltenswirkung innerer Bilder.

A5 GRUNDANFORDERUNGEN AN DIE WIRKSAMKEIT

„Gibt es nicht schon viel zu viele Bilder von Unternehmen?“, werden Sie vielleicht fragen. Allerorts wird die Gefahr der Informationsflut beschworen – eine Informationswelle würde über uns hinweg schwappen und wir würden in dieser Flut ertrinken. Reizüberflutung, Informationsüberlastung – angesichts solcher Schlagzeilen könnten wir den Eindruck gewinnen, wir stünden unter Informationsstress. Ist dies so? Die Antwort lautet: nein. Aktuelle wissenschaftliche Erkenntnisse zeigen: Wir durchforsten die Welt und sind stets offen für Neues – es könnte uns vor Schaden bewahren oder unser Wohlbefinden steigern. Um dies optimal zu ermöglichen, ist unsere Wahrnehmung sehr leistungsfähig. Damit wir keinen Bildinfarkt erleiden, gibt es eine eingebaute Sicherung: Unser Gehirn wählt radikal aus. Auf noch mehr Bilder würden wir mit einer noch stärkeren Selektion reagieren. Nach welchem Prinzip geschieht dies?

Neu

Erste zentrale Anforderung an Bilderwelten: Sie sollte neuartig sein. Neuartig kann der Inhalt sein, wenn wir auf dem Bild etwas anderes sehen als gewohnt. Dies kann auch an der Gestaltung liegen, wie im Fall einer ungewöhnlichen Perspektive oder neuer grafischer Elemente. Uns langweilt, wenn wir viele Bilder so oder so ähnlich schon hundertmal gesehen haben. Für unser Gehirn sind solche Stereotypen das Signal: Nichts Neues in der Welt – Du brauchst keine Aufmerksamkeit. Folge: Schon nach 2- bis 3-maliger Betrachtung eines Bildes nehmen die Aufmerksamkeit und die Lernkurve ab. Unser Gehirn, das ständig auf der Suche nach Neuem ist, ignoriert demnach Bilder, die es schon oft gesehen hat wie typische Motive aus dem Stock-Katalog: Arzt mit Stethoskop, Manager vor dem

Flipchart, Kunde am Bankschalter. Treffen wir auf ein Bild, das neuartig ist, werden wir aufmerksam – es gibt etwas Neues in der Welt, was unsere Aufmerksamkeit verlangt und geprüft werden will, welche Konsequenzen es für uns hat. Nun stellt sich die Frage: Wie neu ist neu?

Kennen wir etwas schon, wenden wir meist keine oder nur wenig Aufmerksamkeit auf: Wir gehen jeden Morgen an einem Plakat vorbei und es fällt uns nicht einmal auf, dass wir das Motiv nicht mehr beachten. Ist etwas zu neu, fällt es uns mitunter schwer, es einzuordnen – denken Sie an moderne Kunst oder Neues aus der Digitalisierung wie Artificial Intelligence und Big Data. Wählen Sie daher die goldene Mitte: Zeigen Sie Bilder, die der Betrachter grundsätzlich in sein bestehendes Wissen einordnen kann und bieten Sie ihm auch Neues. Hierfür einige Sätze zur Orientierung:

- „So haben Sie das noch nie gesehen."
- „Anders als Sie es kennen."
- Abweichen von der Norm.

Ihre Bilderwelt sollte neu sein, aber an Bekanntes anknüpfen, damit die Bezugsgruppen sie besser einordnen können.

Wichtig

Nicht nur neu – auch wichtig muss es sein. Wir nehmen nur Bedeutendes auf, der Rest wandert auf den Informationsmüll und wird ignoriert. Der Neuropsychologe Klaus Grawe schreibt, dass es aufgrund der Bewertung als neu und wichtig zu einer bewussten Wahrnehmung kommt sowie zu einem vertieften Verarbeitungsprozess, der die Bedeutung noch genauer klärt und zunehmend auf die Beantwortung des Reizes Einfluss nimmt (Grawe 2004). Und der Hirnforscher Ernst Pöppel vergleicht dies mit einer informatorischen ‚Müllbeseitigung', bei der wir nur das zur Kenntnis nehmen, was wichtig ist oder wichtig werden könnte (Pöppel 2008).

Bilderwelten sollten wichtig für die Bezugsgruppen sein – wichtig, weil der Inhalt oder die Gestaltung stimmt. Nicht noch mehr Bilder zeigen, sondern Bedeutendes bieten.

Was ist aus Sicht des Gehirns wichtig? Dies wird derzeit unter dem Begriff des „Relevant Content" diskutiert. Wichtig ist alles, was uns einerseits hilft, Unwohlsein zu vermeiden und anderseits Wohlbefinden zu erlangen. Mehr dazu in Kap. D4.

Erlebnisreich

Je mehr Gefühle die Bilderwelt bei den Bezugsgruppen auslöst, desto besser wird sie gelernt. Erlebnisse sind Bündel von Gefühlen. Gefühle signalisieren dem Gehirn, dass eine Information wichtig ist. Die mit einer Information einhergehenden Gefühle sorgen dafür, dass etwas in unserem Gedächtnis haften bleibt. Ganz nach dem Motto: Wenn Dich etwas so berührt, dann muss es für Dich wichtig sein. Die Bilderwelt sollte also unsere Bezugsgruppen anrühren – alles andere rauscht unbeachtet an uns vorbei.

Abb. 1: Bilder können starke Erlebnisse auslösen, die lange im Gedächtnis bleiben.

Worauf wir besonders stark reagieren

Besonders schnell und stark sprechen Geschichten, Bilder und emotionale Worte wie „Tod" oder „Liebe" unser psychisches System an – aber auch Unternehmen mit einem einzigartigen Erlebnisprofil wie Tesla, Disney oder Swarovski. Langweilige, uninteressante Unternehmen und Produkte sowie unbedeutende Informationen aktivieren nur wenig, denn sie sind unwichtig für uns. Das Ergebnis: An Unternehmen, die keine Gefühle in uns auslösen, erinnern wir uns kaum. Dies ist der wichtigste Grund für die starke Wirkung von Bilderwelten: Sie lösen intensive Erlebnisse aus, die wir dauerhaft speichern. An sie erinnern wir uns gern und lang.

Selbst in der Investitionsgüterindustrie werden Entscheidungen viel stärker aufgrund von Gefühlen getroffen als bislang angenommen. Immerhin möchte sich der Käufer wohl mit seiner Entscheidung fühlen und sicher sein können, dass er eventuelle Gefahren erkannt hat, die mit dem Kauf verbunden sind. Sind Informationen bedrohlich, warnt uns das limbische System, in dem unsere Gefühle zu Hause sind. Ist der Inhalt langweilig und bedeutungslos, bleiben die Informationen nur im Kurzzeitgedächtnis. Ist hingegen der Inhalt subjektiv bedeutsam, nützlich und knüpft er an Erfahrungen an, unterstützt dies das Erinnern. Die Konsequenz daraus ist: Je erlebnisreicher Ihre Bilderwelt, desto besser für das Lernen und Handeln.

Ihre internen und externen Bezugsgruppen werden die wichtigen Botschaften Ihres Unternehmens am besten wahrnehmen, verarbeiten und speichern, wenn diese Botschaften für sie mit starken Gefühlen verbunden sind.

Klar

Die wissenschaftliche Forschung sucht nach den Faktoren, die besonders wirkungsvoll für die Kommunikation sind. Essenziell ist hier Klarheit. Sie gilt deshalb als Superdimension, weil sie wichtiger für die Kommunikationswirkung ist als viele andere Faktoren. Daher gilt: Je klarer das Bild, das Ihre Bezugsgruppen von Ihnen haben, desto besser. Widersprechen sich Ihre Bilder, kann dies zu Verwirrung bei den Bezugsgruppen und damit zu einem Vertrauensverlust führen. Ein Widerspruch wäre, wenn Ihre Bilderwelt einen Eindruck erzeugt, der der Wirklichkeit nicht Stand hält (Medienrealität versus Alltagsrealität). Ein anderer wäre, wenn sich Ihre Texte und Ihre Bilder widersprechen; auch können sich Bilder in Werbung und Public Relations (Öffentlichkeitsarbeit, PR) widersprechen.

Klare Bilderwelten entstehen durch den stimmigen, koordinierten und konsequenten Einsatz von Bildern in Ihrer Unternehmenskommunikation.

Häufiger Bildwechsel verhindert den Aufbau von nachhaltigen Gedächtnisspuren – die Bilder wirken unklar und diffus. Entscheidend ist, dass die Bilderwelt für die Bezugsgruppe wiedererkennbar ist – konsistente Bilderwelten passen zu gelernten Eindrücken und festigen sie.

- **Formale Bild-Konsistenz** können Sie erreichen durch Schlüsselfarben, wie Magenta bei der Telekom, durch Layout und Aufbau oder durch eine Wort-Bild-Marke.
- **Inhaltliche Bild-Konsistenz** können Sie über wechselnde Bilder mit gleicher Aussage, ähnliche Bilder mit gleicher Aussage und identische Motive oder Bildelemente (Schlüsselbilder wie das Michelin-Männchen) erzielen.

Überdruss durch konsequent eingesetzte Bilder?

Fast immer sind es nur die Macher, die die Bilder bis zum Überdruss sehen. Beim Rezipienten sinkt schlicht die Aufmerksamkeit und hiermit die Lernkurve: Die Aufmerksamkeit für eine Anzeige sinkt beim Konsumenten schon bei der zweiten Betrachtung um 50 Prozent. Nur ein Fünftel der Konsumenten, die eine Werbung gesehen haben, sehen dieselbe Werbung insgesamt viermal und häufiger. Aber auch dann wird sich in der Regel kein Überdruss einstellen. Der nachhaltige Einsatz von Bild-Konsistenz in Form von Bilderwelten führt zu besonders starken, verhaltenswirksamen inneren Bildern.

Generell gilt: Bilder wechseln zu häufig. Es fehlt der Mut zur Konstanz. Haben Sie keine Angst vor Überdruss – wenn Sie das Grundthema beibehalten und Bildmotive immer wieder variieren.

Klarheit durch Abgrenzung von anderen

Klarheit entsteht durch Einzigartigkeit und möglichst deutliche Abgrenzung von anderen. Viele Bilderwelten wirken austauschbar, weil sie die immer gleichen Bilder von Beratungsgesprächen und Kundensituationen im Fall von Banken und Versicherungen zeigen. Ein Grund für diese Austauschbarkeit ist, dass die Firmen auf Bilddatenbanken zugreifen, die für die gesamte Branche verfügbar sind. Ein anderer Grund ist, dass sie sich zu stark nach den Motiven ihrer Mitbewerber ausrichten – mit dem

Argument, diese seien bewährt oder entsprächen der Erwartung des Kunden. So finden sich in einigen Branchen immer die gleichen Bilder und mitunter sogar gleiche Personen, wenn ein Unternehmen Models einsetzt. Solche austauschbaren Fotos senden unterschwellig die Botschaft, dass das Unternehmen wohl nichts Besonderes, Außergewöhnliches hat, sondern so durchschnittlich ist, wie die anderen Unternehmen. Wirksame Bilderwelten dagegen erfordern Mut: Das Unternehmen legt sich fest, wie es sich einzigartig zeigen will:

Schaffen Sie ein eigenes visuelles Profil. Kopieren Sie die Konkurrenz, könnten Ihre Kunden dorthin abwandern.

Abb. 2: Bilder sollten neuartig sein und sich von Bekanntem unterscheiden.

Mehr noch: Austauschbare Bilder landen schlimmstenfalls auf dem Konto des Marktführers: Konnten in einer Werbestudie die Testpersonen nicht die Bilderwelt der Marke erkennen, weil das Logo abgeklebt war, ordneten sie diese dem Marktführer zu. Übertragen kann dies bedeuten:

Austauschbare Bilderwelten können schaden. Stattdessen sollten Sie Ihre Bilderwelt durch Differenzierung klar positionieren. Gestalten Sie Ihre Bilderwelt so, dass diese einzigartig ist und bleibt.

Tipp

Prüfen Sie, welche Bilder Ihre Mitbewerber einsetzen. Legen Sie fest, wie Sie sich in Ihrer Bilderwelt hiervon dauerhaft unterscheiden.

Die „Milka-Kuh"

Die einzigartige Positionierung Ihrer Bilderwelt erreichen Sie durch Kontrast, also den Grad, mit dem sich ein Bild oder eine Bilderwelt vom Umfeld abhebt. Das Beispiel der lila Kuh von Milka zeigt zwei Arten, wie Kontraste wirken können: Erstens aktiviert die Bilderwelt durch ungewöhnliche Farbgebung, indem die lila Kuh heraussticht. Zweitens hat die Bilderwelt eine starke Eigentypik: Die lila Kuh wird als typisch für die Marke Milka erlebt. Die lila Kuh von Milka war anfangs nur ein aktivierender Reiz, den die unübliche Farbgebung erzielt hat. Durch den konsequenten Einsatz in der Kommunikation wurde das Motiv der lila Kuh jedoch eigentypisch: die „Milka-Kuh". Als solche wurde sie bekannt und wird heute von jedem Kind in Sekundenschnelle erkannt. Allein die Farbe Lila oder eine lila Kuh stehen für die Marke Milka.

Ein Bild wirkt umso stärker auf das Verhalten, je klarer das innere Bild ist, also einzigartiger.

Attraktiv

Die Bilderwelt sollte die Gefühle der Bezugsgruppen ansprechen und diesen gefallen (Likability). Die Lebendigkeit innerer Bilder korreliert eng mit der Anziehungskraft: Je klarer ein positives Bild, desto anziehender empfinden wir es. Die Anziehungskraft innerer Bilder kommt in ihrer mehr oder weniger positiven Bewertung zum Ausdruck.

Ihre Bilderwelt sollte einzigartig sein und gefallen.

Tipp

Prüfen Sie – zum Beispiel anhand der Affektbilanz – wie Ihre Bilderwelt den wichtigen Bezugsgruppen gefällt (siehe Kap. H2).

A6 INNERE BILDER ALS ZIEL

Corporate Imagery Management will innere Bilder in den Köpfen wichtiger Bezugsgruppen entstehen lassen. Solche inneren visuellen Bilder sind Teil des gesamten Vorstellungsbildes von Ihrem Unternehmen (Image). Die wichtigen Bezugsgruppen sollen ein klares und einzigartig attraktives Vorstellungsbild vom Unternehmen entwickeln. Durch das einzigartige Image tritt das Unternehmen mit seinen Produkten in den Köpfen der Bezugsgruppen aus der Anonymität und der Informationsflut heraus und wird erkennbar. Erkennbarkeit, Sympathie und Vertrauen stabilisieren das Verhältnis zwischen dem Unternehmen und seinen Bezugsgruppen und ermöglichen, dass diese die Unternehmensziele unterstützen.

Images von Meinungsgegenständen

Images als Vorstellungsbilder von Meinungsgegenständen können wir haben von:

- **Personen:** zum Beispiel vom Unternehmenschef wie im Fall von Wolfgang Grupp von Trigema.
- **Objekten** wie der Architektur des Unternehmens beispielsweise im Fall von Volkswagen, BMW und Adidas (siehe Kap. F4).
- **Ideen** wie zum Beispiel Diversity, Nachhaltigkeit und Engagement im Umweltschutz.

Wie entstehen Images? Es gibt Eigenschaften, die für die Bezugsgruppen wichtig sind, wenn sie ein Unternehmen beurteilen: Für Stellensuchende sind es interessante Arbeitsplätze und ein gutes Betriebsklima, für Aktionäre ist es der Aktienwert. Das Image entsteht, indem die Bezugsgruppen aufgrund ihres Wissens bewerten, inwieweit das Unternehmen über diese für sie wichtigen Eigenschaften verfügt – auch im Vergleich zum Wettbewerb.

Images beinhalten über Fakten hinaus die subjektive Bewertung der Bezugsgruppen darüber, ob und inwieweit das Unternehmen geeignet ist, die Wünsche und Erwartungen einzigartig zu erfüllen.

Images steuern das Verhalten der Bezugsgruppen: Ein schlechtes Image führt eher dazu, dass sich die Bezugsgruppen negativ verhalten, zum Beispiel durch Ablehnung, Proteste oder Boykotte. Ein positives Image des Unternehmens löst eher ein positives Verhalten der Bezugsgruppen aus, zum Beispiel durch Kauf oder Bewerbung:

- **Der Kunde** weiß, dass das Unternehmen hochwertige Leistungen erbringt, die seine Wünsche und Erwartungen einzigartig erfüllen. Er findet dies wichtig und gut und er will deshalb die Leistungen beanspruchen.
- **Der Investor** ist über die Perspektiven des Unternehmens informiert. Er ist überzeugt, dass es sich lohnt, in die Aktien zu investieren, und er empfiehlt sie weiter.
- **Dem Anwohner** ist bekannt, dass das Unternehmen eine neue Fabrikhalle bauen will. Er ist über deren Nutzen informiert sowie über die Maßnahmen zum Lärmschutz und zur Arbeitssicherheit. Er bewertet die Fabrikhalle als notwendig, sicher und umweltgerecht.

Images ermöglichen Orientierung

Images sind so wichtig, weil sie Orientierung ermöglichen: Hat ein Bewerber ein Bild des Unternehmens, kann er entscheiden, ob er sich dort bewirbt oder nicht. Der Mitarbeiter kann aufgrund seines Vorstellungsbildes bewerten, ob das Unternehmen seine Werte vertritt und ob er deshalb das Unternehmen unterstützen will.

Images führen bei den Bezugsgruppen dazu, sich eine Meinung zu bilden, Entscheidungen abzuleiten und das Handeln auszurichten.

Unternehmen versuchen daher, ein angemessenes Vorstellungsbild von ihrer Unternehmenspersönlichkeit zu erzeugen und systematisch zu entwickeln. Ist das Unternehmen innovativ und fortschrittlich, gilt aber in den Augen wichtiger Bezugsgruppen als traditionell und altmodisch, kann Corporate Imagery Management versuchen, dieses Vorstellungsbild zu berichtigen: Bilder zeigen Neues in der Technik, der Tag der offenen Tür ermöglicht Einblicke in hochmoderne Produktionsanlagen; begleitend erläutert der Geschäftsführer mit Journalisten, wie er die Zukunft seines Unternehmens gestalten will. Fazit:

Corporate Imagery Management unterstützt das Erreichen der Unternehmensziele durch Aufbau und systematische, kontinuierliche Entwicklung des starken und einzigartigen Unternehmensimages. Bildhafte Eindrücke sind ein entscheidender Teil davon.

Besonders wichtig sind Bilderwelten für Unternehmen mit einer Fülle unterschiedlicher Produkte (z.B. Siemens), bei Technikprodukten (z.B. Apple) und Luxusartikeln wie Uhren (z.B. Breitling) und Taschen (z.B. Prada). Bilderwelten sind ebenso für die Konsumgüterindustrie wichtig, für Dienstleistungen wie Finanzdienste der Deutschen Bank, für Investitionsgüter von IBM und SAP sowie für den Handel, also etwa Douglas und Amazon.

Ihre Bezugsgruppen sollen einzigartige Eigenschaften mit Ihrem Unternehmen verbinden und diese Eigenschaften positiv bewerten.

Optimal wäre, wenn die Bezugsgruppen bei bestimmten Eigenschaften an Ihr Unternehmen denken und – umgekehrt – Ihr Unternehmen sofort mit festgelegten Eigenschaften verbinden.

Dies können sachliche Eigenschaften sein, wie die Beratungskompetenz einer Bank, oder Gefühle, die mit einem Unternehmen, zum Beispiel einem Energieunternehmen, verbunden sind. Aufgabe des Corporate Imagery Management ist es, solche Merkmale bildhaft zu vermitteln.

Images sind subjektiv

Das Vorstellungsbild entsteht einzig in den Köpfen der Bezugsgruppen. Nur sie können deshalb Auskunft geben, welches Vorstellungsbild sie vom Unternehmen haben. Daraus folgt die Konsequenz: Images entscheiden über Ihren Unternehmenserfolg, denn die Leistung Ihres Unternehmens kann zwar besser sein als die der Konkurrenz; wenn dies aber Ihre Bezugsgruppen nicht genauso sehen, ist Ihr Wettbewerbsvorteil wirkungslos. Anstatt das objektiv beste Unternehmen zu wählen, wählen sie das subjektiv beste! Essenziell für Ihr Corporate Imagery Management ist daher, die Vorstellungsbilder Ihrer Bezugsgruppen zu kennen und diesen Vorstellungsbildern gezielt zu entsprechen.

Tipp

Ergründen Sie das Vorstellungsbild, das Ihre Bezugsgruppen von Ihrem Unternehmen haben. Gestalten Sie dieses Bild systematisch und langfristig!

Innere Vorstellungsbilder vom Unternehmen

Wesentlicher Teil von Vorstellungsbildern von Unternehmen (Corporate Image) sind konkrete innere Bilder (Gedächtnisbilder; Mental Images) als Ergebnis der vom Unternehmen gezeigten Wahrnehmungsbilder. Corporate Imagery Management trägt zum Aufbau und der Entwicklung innerer Bilder als visuellem Ausdruck der Unternehmenspersönlichkeit bei. Innere Bilder wirken auf Meinungen, Einstellungen, Überzeugungen und können unser Verhalten gegenüber einem Unternehmen nachhaltig ändern.

Wahrnehmungsbilder werden zu Gedächtnisbildern. Innere Bilder als Gedächtnisbilder unserer Bilderwelt wirken stark auf unser Denken, Fühlen und Handeln. Sie sind aber erst dann verhaltenswirksam, wenn sie im Gedächtnis verankert sind.

Einmal im Gedächtnis verankert, entfalten Bilder ihre Wirkung auf unterschiedlichen Wegen:

- Positive innere Bilder und die mit ihnen verbundenen Gefühle werden mit dem Unternehmen verknüpft: Die positiven Gefühle und Einstellungen, die das Bild auslöst, lassen sich auf das Unternehmen übertragen.
- Innere Bilder samt Bewertungen sind besonders schnell verfügbar, zum Beispiel wenn uns ein Unternehmensbild in jenem Moment einfällt, wenn wir Aktien kaufen wollen. Ein Unternehmen, das es schafft, innere Bilder und positive Einstellungen hervorzurufen, hat bessere Chancen, als Sieger der Entscheidungsfindung hervorzugehen. Je klarer das innere Bild vom Unternehmen, desto schneller und gezielter entscheiden Menschen zugunsten des Unternehmens.

Innere Bilder können unser Denken, Fühlen und Handeln stark beeinflussen. Die klare, attraktive Bilderwelt trägt wesentlich dazu bei, dass wichtige Bezugsgruppen unser Unternehmen einem anderen vorziehen.

Innere Bilder in der Forschung

Die Imagery-Forschung untersucht die Entstehung, Verarbeitung und Speicherung von inneren Bildern. Hierbei greift sie auf die Erkenntnis zurück, dass mentale Prozesse nicht nur verbal, sondern auch bildhaft ablaufen. Dies geht laut neuerer Hirnforschung so weit, dass die Vorstellung von einem Gesicht dieselben Hirnareale aktiviert, die beim Sehen dieses Gesichts aktiv sind; analog werden beim Vorstellen von Räumen jene Hirnregionen aktiv, die beim Begehen und Betrachten dieser Räume aktiv sind. Innere Bilder sind also im wahrsten Sinne des Wortes „innere Bilder", die jene Hirnregionen erzeugen, die auch beim Sehen von realen Bildern aktiv sind.

Mehr noch: Innere Bilder können über die reine Wiederherstellung des Gesehenen hinausgehen und über Kreativprozesse neue Bildinhalte entstehen lassen – eine der entscheidenden Eigenschaften von Kreativität. Der Betrachter sieht mehr als er sieht, denn zusätzlich zum Bild tauchen Fantasien und weitere innere Bilder auf. Dies wird das „dritte Auge" genannt. Beispiel: Die Werbung kann durch das Bild eines Porsches zusätzlich das innere Bild des neidischen Nachbarn heraufbeschwören. Innere Bilder wirken über das Gesehene hinaus. Ein Beispiel für die Verhaltensrelevanz von inneren Bildern zeigt der Blindtest, nach dem die Testpersonen mit verbundenen Augen Pepsi Cola vorziehen, nach dem Abnehmen der Augenbinde jedoch Coca-Cola.

Innere Bilder geben stärker Auskunft über Verhaltensabsichten als generelle Image-Profile.

Bedeutung von inneren Bildern

Wie stark innere Bilder wirken, ist leicht anhand einiger Beispiele erklärt:

- **Wir träumen in Bildern:** Wer ist nicht schon einmal schweißgebadet aufgewacht, weil er sich inmitten einer schrecklichen Szene gesehen hat – einem Unglück, einer Katastrophe oder während er bei einer Rede vor wichtigen Leuten versagt?
- **Wir erinnern uns in Bildern:** Wenn wir an sehr bewegende Momente in unserem Leben zurückdenken, dann entstehen in uns innere Bilder – das Lachen eines Kindes, der Abschied am Grab, das Wiedersehen eines Freundes.
- **Wir orientieren uns durch Bilder:** Wir können die Lage jeder Straße im New Yorker Stadtteil Manhattan beschreiben, weil wir das innere Bild dieses Stadtteils vor Augen haben. Durch innere Bilder können wir erklären, wo die Fischabteilung in unserem Supermarkt liegt.
- **Wir entscheiden anhand von Bildern:** Menschen entscheiden sich für ihr nächstes Urlaubsziel, weil sie bildliche Erinnerungen an einen vergangenen Urlaub haben oder sich an ein attraktives Ziel erinnern, das sie im Reisekatalog oder im Fernsehen gesehen haben.
- **Bilder sprechen stark an:** Was uns beim Lesen eines Romans fesselt, sind die inneren Bilder von Personen und Situationen, die in uns entstehen. Wem blutet nicht das Herz, wenn das Suchbild einer entlaufenen Katze am Baum hängt? Spendenaufrufe aktivieren uns dann am stärksten, wenn wir Bilder sehen – so das Ergebnis wissenschaftlicher Untersuchungen.
- **Bilder fesseln uns:** Wer möchte nicht immer wieder Bilder seines Lieblingsstars sehen und wird dessen niemals müde?

Innere Bilder beeinflussen Meinungen

In einer interkulturellen Studie zur Macht von Bildern untersuchte der Schweizer Kommunikationspsychologe Siegfried Frey den Einfluss bildhafter Eindrücke von Politikern auf die Meinungsbildung und das Gefühlsleben (Frey 1999). Hierzu zeigte er deutschen, französischen und amerikanischen Versuchspersonen 180 kurze Videoclips von 60 Politikern der drei Länder. Die Clips zeigten kurze Ausschnitte aus Reden dieser Politiker. Der Ton war ausgeschaltet. Ergebnis: Sowohl auf der

Gedankenebene als auch auf der Gefühlsebene lösten die kurzen Clips auf Anhieb dezidierte innere Bilder, Eigenschaftszuschreibungen und Stellungnahmen bei den Versuchspersonen aus. Die Zuschreibung von Eigenschaften war interkulturell fast identisch. Sie hingen nicht davon ab, ob der Politiker den Befragten bekannt war. Die nonverbale, visuell vermittelte Kommunikation entfaltet ihre Wirkung also über Sprach- und Kulturgrenzen hinaus. Nutzen Sie deshalb diese Kraft der Bilder, um Ihr Unternehmen bildlich zu inszenieren – auch über Sprach- und Kulturgrenzen hinweg.

Innere Bilder beeinflussen maßgeblich, welche Meinung wir von unserem Gegenüber haben, welche Eigenschaften wir ihm zuschreiben.

Texte können innere Bilder hervorrufen

Auch Texte können innere Bilder hervorrufen: Konkrete Worte wie „Berg" und „Wiese" sowie emotionale Worte wie „Liebe" und „Hass" verarbeiten wir schneller; wir erinnern uns besser an sie als an abstrakte Worte wie „Nanotechnologie", weil sie innere Bilder und Gefühle in uns hervorrufen. In den Harry Potter-Büchern lässt die Autorin innere Bilderwelten bei den Lesern entstehen, ohne ein einziges Bild zu zeigen. Jeder von uns kennt das Gefühl, dass eine Buchverfilmung wenig berührt oder sogar enttäuscht. Grund dafür ist, dass die eigene, durch den Text hervorgerufene Bilderwelt stärker berührt als jene, die der Regisseur vor seinem inneren Auge gesehen und im Film umgesetzt hat. Stimmt ein Buch mit unserer eigenen Bilderwelt überein ist die Wirkung des Films umso größer. Laut Multiple Code Theory der Psychoanalytikerin Wilma Bucci (1997) nehmen Bilder eine Stellung zwischen bewusster und unbewusster Ebene ein: Zum einen sind sie bewusstseinsfähig und können durch Sprache hervorgerufen werden – wie jeder Liebesroman zeigt. Zum anderen können sie unbewusst entstehen, weshalb sie für die Erforschung unbewusster Images von Unternehmen bedeutsam sind (siehe Kap. D2).

Innere Bilder und Verhalten

Der Zusammenhang von Vorstellungsbild und Verhalten stellt sich in folgenden Stufen dar:

- **Bekanntheit:** Das Unternehmen muss uns bekannt sein – wen wir nicht kennen, von dem können wir uns kein Vorstellungsbild machen.
- **Innere Bilder:** Wir bewerten das Unternehmen vor allem anhand jener inneren Bilder, die in uns starke Erlebnisse auslösen.
- **Bereitschaft:** Aufgrund der Bewertung können wir bereit (motiviert) sein, uns diesem Unternehmen gegenüber eher positiv beziehungsweise negativ zu verhalten.
- **Handeln:** Diese Bereitschaft kann unser Handeln auslösen – sie muss es aber nicht, zum Beispiel, wenn die Situation dies nicht zulässt oder jemand unser Handeln verhindert.

A7 BILDERWELTEN UND UNTERNEHMENSWERT

Corporate Imagery Management leistet wichtige Beiträge zur Unternehmenskommunikation und hierüber zum Unternehmenswert:

- **Klare Positionierung im Wettbewerb:** Bilderwelten können verhaltenswirksame innere Bilder vom Unternehmen aufbauen, die sich klar vom Wettbewerb abgrenzen.
- **Koordination:** Strategische Bilderwelten ermöglichen die Koordination der vielen Bilder, die die Unternehmenskommunikation intern und extern zeigt.
- **Kosten senken:** Durch die einheitliche Gestaltung von Anzeigen, Prospekten, Geschäftsdrucksachen etc. sinken Entwurfs- und Produktionskosten, da neue Einzelentwürfe überflüssig werden. Stattdessen werden vorhandene Motive entwickelt und angepasst. Kosten können Sie dort sparen, wo Sie für alle Kommunikationsmaßnahmen auf einen bestehenden Bilderpool zurückgreifen können.
- **Kontrolle:** Die Erfolgskontrolle zeigt, ob die Bilderwelt die gesteckten Bekanntheits- und Imageziele erreicht.
- **Speichern und abrufen:** Bilder speichern Menschen in ihrem Gehirn – dem episodisch-autobiografischen Gedächtnis. Im Fall einer Entscheidung greifen Menschen auf diese Bilder und die mit ihnen verbundenen Erlebnisse zurück. Sie sind hierdurch stark verhaltenswirksam.

Innere Bilder und Verhalten

Die Bilderwelt steigert Ihren Unternehmenswert, indem jemand aufgrund seines inneren Bildes dieses Unternehmen einem anderen vorzieht: Aufgrund attraktiver innerer Bilder des Unternehmens sind die Mitarbeiter bereit, den Wandel durch Change-Projekte zu unterstützen. Kunden sind bereit, deutlich mehr Geld auszugeben – für Bleiglas von Swarovski das 29-fache verglichen mit dem Bleiglas von WMF. Geldgeber lassen sich von digitalen Erfolgsgeschichten begeistern; Journalisten berichten über jene Unternehmen, die ihnen interessante Geschichten und Bilder bieten. Zieht ein qualifizierter Stellensuchender Ihr Unternehmen einem anderen vor? Zeigt ein Journalist größeres Interesse an Ihrem Unternehmen als an einem anderen? Solche Bereitschaften können Sie messen (siehe Kap. H2). Zigarettenraucher können in Tests ihre eigene Marke nicht mit verbundenen Augen erkennen. Sie unterscheiden sich offensichtlich nicht im Geschmack, sondern werden aufgrund des inneren Bildes gekauft, das die Raucher von diesen Marken haben. Ähnlich könnten Bezugsgruppen ein Unternehmen deshalb bevorzugen, weil sie klare, attraktive innere Bilder von ihm haben.

Der Wert Ihrer Unternehmenspersönlichkeit liegt nicht allein im Anlage- und Umlaufvermögen, sondern in den Köpfen Ihrer Bezugsgruppen.

Bilderwelt unterstützt Marketing

Bilderwelten können wesentlich beitragen, die Marke systematisch und langfristig zu führen:

- **Entscheidungsrelevant bei austauschbaren Produkten:** Steht ein Käufer vor dem Kühlregal in einem Supermarkt, entscheidet er sich bei ähnlichen Produkten und Preisen für das Produkt jenes Unternehmens, das er kennt und sympathisch findet – fast 70 Prozent der Konsumenten kaufen keine Waren von Unternehmen, von denen sie eine schlechte Meinung haben. Gilt das Unternehmen als sozial verantwortlich und umweltbewusst, kann dies über den Kauf entscheiden.
- **Vertrauen in die Marke bedeutet Vertrauen in das Unternehmen:** Konsumenten erhalten ein positives Bild vom Unternehmen, weil sie dessen Marken kennen und schätzen – viele kennen die Produkte von Kraft Foods, was sich auf das Unternehmensimage auswirken kann. Umgekehrt kaufen Konsumenten das neue Produkt schon deshalb, weil sie gute Erfahrungen mit dem Hersteller gemacht haben, wie die zahlreichen Vorbestellungen eines neuen BMW zeigen, ohne dass dieses Auto bisher zu sehen war.

- **Haltung des Unternehmens entscheidend:** Immer mehr Unternehmen werden sichtbarer, weil Menschen wissen wollen, welches Unternehmen hinter den Produkten steht und welche Haltung dieses Unternehmen verkörpert und lebt. Für die Bewertung der Marke entscheidend können Themen wie der Umgang mit Mitarbeitern und die soziale Verantwortung sein. Marken können sich mit Bilderwelten von Unternehmen durchsetzen.

Unternehmen können mit ihrer Bilderwelt den Konsumenten klar und deutlich vermitteln, was es kann, was es von anderen unterscheidet und welchen Nutzen es bringt, seine Produkte zu kaufen.

Optimal wäre, wenn sich die Images von Unternehmen und Marken gegenseitig stärken. Die Klammer über der Bilderwelt von Unternehmen und Marken ist das einzigartig attraktive Erlebnis, das ein Unternehmen bietet.

Die Persönlichkeiten von Unternehmen und Marken stehen in Beziehung: Da Ihre Bezugsgruppen Ihr Unternehmen und seine Leistungen ganzheitlich wahrnehmen, sollten Sie den Zusammenhang zwischen der Bilderwelt Ihres Unternehmens und den Bilderwelten Ihrer Marken klären. Beide Prozesse sollten sich gegenseitig stützen: Das Image der starken Unternehmenspersönlichkeit wirkt sich positiv auf das (neue) Produkt aus. Umgekehrt wird auch das Unternehmen positiver erlebt, wenn die Bezugsgruppen einen guten Eindruck von seinen Produkten und Leistungen haben.

Entscheidend ist, dass sich die Images von Unternehmen und ihren Leistungen nicht widersprechen. Vergleichen Sie daher die festgeschriebenen Persönlichkeitsmerkmale in den jeweiligen Leitbildern von Unternehmen und Marken.

A8 WICHTIGE FRAGEN UND ANTWORTEN

In langjähriger Erfahrung bei der Entwicklung von Bilderwelten sind folgende Fragen und Kritikpunkte entstanden, die wir beantworten möchten:

- **„Wozu brauchen wir Bilder? Wir setzen Logos, Farben und Schriften als Gestaltungselemente ein!":** Diese Elemente sind wichtig, um die Unternehmenspersönlichkeit zu vermitteln. Sie lassen jedoch keine verhaltenswirksamen inneren Bilder entstehen, wie sie das Gehirn für Entscheidungen braucht.
- **„Bilder bringen zu wenig erkennbaren Nutzen!":** Bilder bieten eine schnelle und hochwirksame Kommunikation. Bilder fallen schnell auf, wir können sie leicht aufnehmen, verarbeiten und lange speichern. Sie wirken ausgesprochen stark auf unser Verhalten. Bilder verarbeiten wir anders als Texte. Sie sind ein einzigartiger, hoch wirksamer Informations-Highway. Bilder wirken auch bei Menschen, die wenig Interesse am Unternehmen haben.
- **„Reichen die Bilder von unseren Produkten aus dem Marketing nicht aus?":** Bilder von Produkten sind gut für Kunden. Doch gibt es interne wie externe Bezugsgruppen, die sich vor allem für das Unternehmen hinter den Produkten interessieren, wie zum Beispiel Mitarbeiter, Journalisten, Investoren und Politiker. Diese Bezugsgruppen wollen wissen, ob sich das Unternehmen nachhaltig und sozial engagiert, wie es seine Mitarbeitenden behandelt, wie es sich zum Umweltschutz verhält – Produktbilder von Autos können kontraproduktiv wirken. Wie würden es auf Kritikergruppen wirken, wenn Kraft Foods angesichts der zunehmenden Fehl- und Überernährung ausschließlich Bilder von Milka und anderen Süßigkeiten zeigt?
- **„Wozu soll ich an Gefühle appellieren – es geht doch um Informationen und gute Leistungen?":** Informationen und Gefühle sind nicht zu trennen, denn eine Information wird immer emotional bewertet: Ist sie wichtig? Wenn ja: Ist sie positiv oder negativ? Ein anderer

Grund ist, dass sich Produkte in ihrer Qualität immer stärker annähern – in einigen Branchen gibt es keine Qualitätsunterschiede mehr. Da eine Differenzierung über andere Kriterien fehlt, wird die emotionale Ansprache der Bezugsgruppen, allen voran der Kunden, immer wichtiger. Die Kernüberlegung lautet: „Mein Produkt ist zwar nicht anders als andere, aber Du fühlst Dich mit mir wohler als mit anderen Anbietern."

- **„Wir haben kein Geld für Bilder.":** Sicher, Bilder kosten Geld. Jedoch geben die Unternehmen auch jetzt schon Geld für Bilder aus – oft für die falschen, weil sie wenig wirksam sind. Das Geld für wirkungsvolle Bilder ist sinnvoll angelegt, weil es innere Bilder des Unternehmens erzeugt, die dem Unternehmen enorme Wettbewerbsvorteile bringen können. Bilder müssen nicht viel Geld kosten. Steht nur ein geringer Etat bereit, ist dies immer noch besser als gar nichts. Die richtige Auswahl von Bildern aus Bildkatalogen kann hier schon helfen; das Hinzufügen von Grafikelementen wie Rahmen, Striche, Schleifen oder Kaleidoskopen sorgt für Alleinstellung. Außerdem können Sie sich Unterstützung von außen holen, zum Beispiel freie Fotografen oder Studierende an Fotoschulen. Aber: Achten Sie darauf, dass fehlende Mittel kein Zeichen von Desinteresse der Unternehmensleitung sind.
- **„Warum reichen Informationen in guten Texten nicht aus?":** Das Lesen von Texten aus den Massenmedien geht laut ARD-ZDF-Online-Studie 2021 weiter zurück. Lesen erfordert viel Energie, Bilder dagegen verarbeiten wir mühelos. Zur Erinnerung: Anzeigen werden durchschnittlich nur 1,7 Sekunden lang beachtet, ein Werbebanner sogar nur 1 Sekunde. Der Text wird, vor allem von Jüngeren, kaum noch gelesen. Ein Unternehmen, das also nur auf Textwirkung setzt, riskiert zunehmend, seine Bezugsgruppen mit seinen Botschaften nicht mehr zu erreichen.
- **„Bilderwelten eignen sich nur für große Unternehmen!":** Auch für kleine und mittelgroße Unternehmen ist es essenziell, bei austauschbaren Produkten und Leistungen sich im Kommunikationswettbewerb abzuheben. Kleine und mittlere Unternehmen haben es sogar leichter als große, weil Entscheidungswege kürzer sind, die Mitarbeiterzahl geringer, die Kommunikation mit den Bezugsgruppen überschaubarer, das Produktangebot weniger komplex, Kontrollen leichter

durchzuführen und Erfolge deutlicher messbar. Jeder Handwerksmeister kann seinen Betrieb durch die Darstellung seiner speziellen Fähigkeiten und Kenntnisse bekannt und unverwechselbar machen. Jeder wird dann wissen, warum er gerade für diesen Arbeitgeber in Lohn und Brot steht oder warum er gerade bei ihm seine Wurst oder seine Schuhe kauft. Auch Vereine und Verbände unterstreichen ihre Ziele und sichern sich dadurch die Unterstützung von potenziellen Mitgliedern und Geldgebern. Selbst Städte können zeigen, warum sich eine Reise dorthin lohnt.

- **„Der Erfolg lässt sich nicht messen!":** Wenn Bilderwelten das Ziel haben, bei den wichtigen internen und externen Bezugsgruppen ein starkes, einzigartiges und lebendiges inneres Bild des Unternehmens entstehen zu lassen, so lässt sich dies messen: durch das innere Bild, die Stärke dieses inneren Bildes, dessen Einzigartigkeit und dessen Klarheit (siehe Kap. H2). Hierfür stehen bewährte Methoden und Instrumente der Sozialwissenschaft zur Verfügung, also Befragung, Beobachtung, Experiment und Panel.

Tipp

Setzen Sie sich gründlich mit den Pro- und Kontra-Argumenten auseinander, bevor Sie vorschnell auf die enormen Potenziale von Bilderwelten verzichten.

Fazit

- Die Bilderwelt ist visueller Ausdruck der einzigartigen und attraktiven Unternehmenspersönlichkeit.
- Die klassischen Gestaltungselemente reichen heutzutage zur kraftvollen Profilierung im Wettbewerb nicht mehr aus. Sie sollten durch Bilderwelten als Klammer ergänzt sein, eine Einheit abgeben und klare, attraktive innere Bilder erzeugen.
- Wahrnehmungsbilder können stark zum klaren Vorstellungsbild Ihres Unternehmens beitragen. Sie lassen innere Bilder als Gedächtnisbilder entstehen, die besonders dann wichtig sind, wenn eine Entscheidung ansteht.
- Bilder sind wichtig zur Orientierung: Wir nehmen sie schnell auf, wir verarbeiten sie leicht und speichern sie lange. Corporate Imagery Management will diese Vorteile nutzen und strategische Bilderwelten für Unternehmen aufbauen und langfristig entwickeln.
- Bilderwelten führen dazu, dass wichtige interne und externe Bezugsgruppen das Unternehmen erkennen, von anderen Unternehmen unterscheiden und diesen vorziehen.
- Innere Bilder (Gedächtnisbilder) als Wirkung von Wahrnehmungsbildern sind stark verhaltenswirksam – besonders dann, wenn sie klar (einzigartig) und attraktiv sind.
- Bilderwelten tragen zum Unternehmenswert bei.

B

AKTUELLE BILDPRAXIS

In diesem Kapitel erfahren Sie,

- wie der aktuelle Stand von Bilderwelten in Unternehmen ist;
- welche Gründe die Defizite haben;
- welchen Optimierungsbedarf es gibt;
- warum die bisherigen Gestaltungselemente nicht ausreichen;
- was häufige Fehlerquellen sind.

Werbung nutzt die enorme Wirkung von inneren Bildern schon lange, wie die Beispiele Mercedes, Audi und Becks Bier zeigen. Diesen Trend in der Markenkommunikation hat die Unternehmenskommunikation bisher nicht aufgegriffen: Nur wenige Unternehmen haben eine strategische Bilderwelt entwickelt, die die Anforderungen an wirksame Bilder erfüllen. Ausnahmen sind die Bilderwelten von O_2, Oatly, Merck, Congstar, DHL, der Berliner Stadtreinigung (BSR), der Berliner Verkehrsbetriebe (BVG) sowie weiterer Unternehmen, die wir als gelungene Beispiele vorstellen (siehe Kap. F5). Was für ein Versäumnis! Bilder können enorm stark auf das Verhalten wirken, wenn sie den wissenschaftlichen Prinzipien der Wahrnehmung entsprechen und professionell eingesetzt werden.

Abb. 3: Die Werbung hat schon lange die enorme Wirksamkeit von Bildern erkannt.

B1 VIEL OPTIMIERUNG MÖGLICH

Der Einsatz von Bildern in der Unternehmenskommunikation lässt viel Optimierung zu, wie folgende Beispiele zeigen:

- Die Bilder wirken austauschbar, weil sie aus Bildkatalogen stammen, auf die viele Unternehmen zugreifen. Typische Motive sind Geschäftsprozesse wie Büroszenen und Kundengespräche. Drängen sich Ihnen jetzt entsprechende Motive als innere Bilder auf?
- Sie erzeugen widersprüchliche Eindrücke, weil sie nicht mit den Bildern aus der Werbung abgestimmt sind.
- Sie sind nicht durchgängig in allen Medien zu finden.
- Bilder wirken diffus, weil es ein breites Set geben muss, damit Abwechslung möglich ist und die Betrachter nach einiger Zeit nicht gelangweilt sind.

Austauschbarkeit

Wer einen Blick in die Unternehmenskommunikation deutscher Unternehmen wirft, trifft immer wieder auf die gleichen Begriffe wie „innovativ", „kompetent", „kundenfreundlich" und Slogans wie „Wir sind der Partner an Ihrer Seite". Das Problem ist, dass sich die Bezugsgruppen unter diesen Begriffen wenig bis gar nichts vorstellen können. Die Begriffe sind überdies abgenutzt und lösen deshalb keine Aktivierung aus. Eine Abgrenzung vom Wettbewerb fehlt, weil alle Konkurrenten diese Begriffe verwenden. Die Unternehmenskommunikation steht daher vor der großen Herausforderung, abstrakte Begriffe in anschauliche Bilder übersetzen zu müssen. Dies ist kaum möglich, da abstrakte Begriffe nur schlecht geeignet sind, die Positionierung lebendig zu vermitteln – sie müssen in einzigartige innere Bilder überführt werden. Beispiel Innovation: Das Unternehmen sollte ein klares Vorstellungsbild erzeugen, wofür dieser Begriff steht:

- Warum ist dieser Begriff wichtig für die Bezugsgruppe?
- Welche Gefühle sind damit verbunden?
- Welche Menschen sind damit verbunden?
- Welche Handlungen sind damit verbunden?
- Welche Orte/Bühnen sind damit verbunden?

Bilder haben das Potenzial, abstrakte Begriffe wie „Innovation" und „Kompetenz" mit klaren, anschaulichen Erinnerungen zu verknüpfen.

So austauschbar wie diese Begriffe, sind die verwendeten Bilder. Ganze Branchen setzen ähnliche Bilder ein: In der Pharmaindustrie ist es der Arzt mit weißem Kittel und Stethoskop um den Hals, bei Banken ist es die Beratung am Schalter, bei Universitäten ist es der Hörsaal mit Studierenden. In der Investitionsgüterindustrie finden sich zuhauf Produktbilder – im Studio aufgenommen und mit blauem Hintergrund. Fotos auf Websites von Banken, Versicherungen, Pharmaindustrie und selbst Hilfsorganisationen (NGOs) sind kaum voneinander zu unterscheiden. Oft handelt es sich um Motive mit perfekten, austauschbaren Menschen ohne individuelle Persönlichkeit. Beispiele für austauschbare Werbung finden sich auch in der Automobilindustrie: wunderschöne Landschaften, die aufwendig gefilmt sind. Aber da viele Autofirmen diese generischen Schemata nutzen, kann sich der Betrachter schon nach kurzer Zeit nicht mehr an die Landschaft erinnern oder daran, welches Auto durch die pittoreske Landschaft gefahren ist.

Widersprüchliche Eindrücke

Andere Bilder rufen Widersprüche hervor, wie jener zwischen der emotionalen Jugendlichkeit in der Werbung und dem tristen Alltag. Viele Dienstleister zeigen emotional aufgeladene Bilder von (internationalen) Teams, die gemeinsam für den Erfolg kämpfen. Aber welches innere Bild haben die Mitarbeiter an ihrem Arbeitsplatz? „Leistung aus Leidenschaft"? Erleben Sie dort dieses gefühlsgeladene, gemeinschaftsorientierte Unternehmen aus der Werbung? Anders gefragt: Entspricht die Alltagsrealität der Medienrealität? Wenn nicht, könnten die Mitarbeiter ihren Arbeitgeber als widersprüchlich erleben, wodurch Identifikation und Vertrauen abnehmen können.

Keine Durchgängigkeit

Möchte sich ein Interessent, den Werbebilder animiert haben, über das Unternehmen informieren und besucht die Website im Internet, findet er die bekannten Bilder aus der Werbung nicht wieder: Die Bilder aus der Werbung sind also nicht auf die sonstigen Bilder des Unternehmens abgestimmt. Dies kann zu Überlagerungen von visuellen Eindrücken führen, die das klare Vorstellungsbild vom Unternehmen trüben.

Unzutreffende Bilder

Einige Unternehmen haben mittlerweile erkannt, dass sie die Beziehungsebene zu ihren Bezugsgruppen in den Mittelpunkt ihrer zentralen Unternehmensaussage stellen können. Diese Aussage, die oft durch eine Analogie, also ein bildliches Gleichnis, transportiert werden soll, ergibt aber nur dann Sinn, wenn das Bild zutreffend ist. Doch das ist es oft nicht: Sehr viele Unternehmen verwenden das Gleichnis einer Partnerschaft: „Ihr Partner für kundenindividuelle Lösungen" ist eine solche beliebte Aussage. Dieser Vergleich bringt jedoch einige Probleme mit sich:

- Oft sind gerade jene Unternehmen keine Partner, die sich als solche bezeichnen. Dies würde nämlich voraussetzen, dass sie ihrem Auftraggeber gleichberechtigt zur Seite stehen. Das tun sie in den seltensten Fällen. Die Adressaten wissen dies bewusst oder unbewusst und reagieren skeptisch oder gar ablehnend angesichts so vieler angeblicher Partner um sie herum.
- Der Begriff „Partner" wirkt abgegriffen, inhaltsleer und reizarm, weil er schon sehr oft verwendet wurde.
- Dieses Gleichnis bietet keine Unterscheidung von Wettbewerbern, weil auch diese die Partnerschaft zu ihren Kunden behaupten.

In Kap. F4 zeigen wir Ihnen, wie Sie ein Beziehungsangebot für sich entwickeln können.

Die Anforderungen an wirksame Kommunikation in dieser Informationsflut sind: auffallen, sich unterscheiden, einzigartig attraktiv für die Bezugsgruppen sein. Heutige Texte und Bilder erfüllen dies oft nicht.

B2 GRÜNDE FÜR DEFIZITE

Unternehmen schöpfen die Wirkpotenziale von Bildern bislang nicht einmal ansatzweise aus. Dies ist ein großes und kostspieliges Versäumnis: Künftig werden vor allem Bilder Unternehmensbotschaften vermitteln, da Texte immer weniger gelesen werden, wie Image-Broschüren zeigen, die früher viel Text enthielten und heute vor allem Bilder.

Wer auf den Einsatz professioneller Bilder verzichtet, verschenkt eine Chance, sich im Wettbewerb zu behaupten.

Warum setzen so wenige Unternehmen starke und einzigartige Bilderwelten ein? Einige Erklärungen:

- **Kurzfristige Pressefotos:** Für die Bilder des Unternehmens ist die PR-Stelle zuständig. Diese kümmert sich oft nur um die klassische Medienarbeit, für die sie Pressefotos von Produkten, Maschinen und Menschen erzeugt. Diese kurzfristigen Einzelmotive lassen aber keine gefestigten, lebendigen inneren Bilder der Unternehmenspersönlichkeit entstehen.
- **Fixierung auf Fakten:** Zu oft noch gilt in der Unternehmenskommunikation die Überzeugung, dass es vor allem um Fakten in Texten geht. Bilder hingegen werden als „heiße Luft“ und „Werbung“ angesehen. Dieser angebliche Gegensatz ist falsch und unsinnig, weil auch Texte Gefühle auslösen können, wenn wir an einen guten Roman oder eine professionell geschriebene Broschüre denken. Falsch deshalb, weil auch Bilder informieren können, indem diese die Eigenschaften eines Unternehmens zeigen wie soziales Engagement. Unsinnig ist diese Annahme, weil die sinnvolle Kombination von Text und Bild die Wirkung von Instrumenten stärken kann, indem das Bild anschaulich und überzeugend darstellt, was der Text beschreibt. Unsinnig ist die Trennung auch deshalb, weil es immer wichtiger wird, nicht nur den

Kopf, sondern auch das Herz seiner Bezugsgruppen anzusprechen und deren Wünsche und Erwartungen an stabile Beziehungen zu erfüllen (siehe Kap. F4).

- **Bildkataloge:** Viele Unternehmen greifen aus Geldgründen auf Bildkataloge zurück, sogenanntes „Stockmaterial". Stattdessen sollten Sie für Ihre starke, markante Bilderwelt eine eigene Bildkommunikation entwickeln und Geld in Fotoaufnahmen (Shootings) für ausdrucksstarke Motive von guten Fotografen investieren. An den falschen Stellen Geld zu sparen, müssen Sie mit der Wirkungslosigkeit dieser Bilder teuer bezahlen.

Die Unternehmenskommunikation hat – anders als die Produktkommunikation – die visuelle Entwicklung bisher weitgehend verschlafen. Eine eigenständige Bilderwelt fehlt. Ein großes und kostspieliges Versäumnis, denn innere Bilder wirken besonders stark und steuern entscheidend das Verhalten von Menschen.

Tipp

Prüfen Sie sorgfältig, mit welcher visuellen Klammer aus klaren, einzigartig attraktiven Bildern Sie Ihre Unternehmenspersönlichkeit angemessen vermitteln können – und dies langfristig.

B3 KLASSISCHE GESTALTUNGS-ELEMENTE

Bislang nutzen Unternehmen als visuelle Elemente vor allem die klassischen Gestaltungselemente des Corporate Design wie Logos, Schriften und Farben. Diese Gestaltungselemente sind wichtig, um das Unternehmen durch sein äußeres Erscheinungsbild im Wettbewerb zu positionieren. Sie reichen allein jedoch nicht aus, um in ihrem Zusammenspiel lebendige und einzigartige innere Bilder der Unternehmen entstehen zu lassen.

Logos

Logos sind Zeichen, die stellvertretend für das Unternehmen stehen wie der Stern von Mercedes als „guter Stern auf allen Straßen". Die Bedeutung des Mercedes-Sterns haben wir aus der Werbung gelernt, das Zeichen können wir eindeutig erkennen und zuordnen. Wir kennen die Steine von Schwäbisch Hall und haben gelernt, dass wir auf sie bauen können. Demgegenüber stehen viele Firmenlogos, deren Bedeutung sich uns erst sehr spät oder überhaupt nicht erschließt. Gründe hierfür:

- **Logos sind aus historischer Tradition übernommen:** Doch die Bedeutung ist heute nicht mehr bekannt.
- **Logos sind oft intuitiv gestaltet:** Sie entspringen rein dem Geschmack des Gestalters oder des Auftraggebers. Über die Gestaltung des Logos und das Gefallen (Likability) diskutieren die Verantwortlichen vor allem „aus dem Bauch heraus".
- **Logos fehlt oft der Bezug zur Unternehmenspositionierung:** Das Logo hat keinen Bezug zur Unternehmensstrategie und den Unternehmenszielen. Es drückt nicht die zentrale Aussage des Unternehmens im Wettbewerb aus.

- **Das Logo aktiviert keine gelernten Gedächtnisinhalte:** Das Logo hat keinen Bezug zum Wissen, das die Bezugsgruppen über das Unternehmen gelernt haben. Das Logo knüpft nicht an allgemein bekanntes Wissen an, indem es als Form ein Tier oder andere gelernte Schlüsselbilder aufgreift (siehe Kap. F4).
- **Bilder sind vieldeutig:** Wenn Logos an Bekanntem anknüpfen, zum Beispiel indem sie ein Tier zeigen, kann dieses unterschiedliche Bedeutungen haben: Ein Elefant kann sowohl Sympathie als auch Schwerfälligkeit ausdrücken, eine Taube steht symbolisch für Frieden, gilt aber auch als Ratte der Lüfte. Die Bedeutung des Tieres und der Bezug zum Unternehmen sollten klar sein.
- **Die Bedeutung des Logos ist nicht ausreichend kommuniziert:** Das Logo hat zwar eine Bedeutung, aber diese ist den Bezugsgruppen nicht ausreichend vermittelt.
- **Die Bedeutung ist zu kompliziert:** Die Verantwortlichen überinterpretieren die Wirkung des Logos.
- **Logos lösen zu wenig Gefühle aus:** Eine Pilotstudie des Universitätsklinikums Bonn, der Deutschen Post und des Siegfried Vögele Instituts (SVI) untersuchte die Wirkung von Logos und Gesichtern in der Werbung. Hierzu zeichneten die Forscher mittels funktioneller Magnet-Resonanz-Tomografie (fMRT) die Hirnprozesse auf. Währenddessen konnten die Untersuchten angeben, wie sympathisch sie die gezeigten Bilder finden. Ergebnis: Gesichter aktivieren besonders die emotionsassoziierten Areale des Gehirns. Logos – egal ob bekannt oder unbekannt – verarbeiten wir ähnlich wie Wörter. Sie führen zu keiner stärkeren bildhaften Aktivierung. Selbst bekannte Logos lassen sich nicht ohne Weiteres detailgetreu aus dem Gedächtnis abrufen – oder erinnern Sie sich detailliert, wie das Logo von Maggie aussieht, von Adidas und Peugeot (Siegfried Vögele Institut 2003)?

Tipp

Die Wirkung von Logos kann erhöht werden, wenn diese eindeutig an die Bilderwelt anknüpfen oder sogar Teil von ihr sind, wie im Fall des Mönchs bei Alpirsbacher Klosterbräu oder des virtuellen Influencer Colonels bei Kentucky Fried Chicken (KFC).

Fallbeispiel: KFC-Logo

Jeder kennt die Bildmarke von Kentucky Fried Chicken (KFC): Eine stilisierte Grafik des lachenden Gesichts von Harland D. Sanders, auch „Colonel" genannt, dem Gründer des Unternehmens. Der US-amerikanische Fast-Food-Konzern re-inszeniert dieses ikonische Markenzeichen häufig in seiner Kommunikation. Insbesondere auf seinem Instagram-Account (https://www.instagram.com/kfc) lassen sich viele Versionen des KFC-Logos ausmachen. Neben der Logo-Darstellung beispielsweise als limitierte Funko-Pop!-Sammlerfigur, als realer Stripperboy „Chickendale" zum Muttertag, als heldenhafter Anime-Character oder als drollige Kuckucksuhr gibt es dort seit April 2019 das Ergebnis einer sehr interessanten Verbildlichungsstrategie zu sehen: den „Virtual Influencer Colonel". Dies ist eine computer-generierte Parodie eines ansehnlichen und leicht selbstverliebten Instagram-Influencers („he's hot"), der die charakteristischen Attribute des Colonels trägt, jedoch im coolen Hipster-Stil: das silberne Haar modern gestylt, eine schwarz umrandete Brille im Retro-Look, einen getrimmten Bart und eine lässige Pose im coolen weißen Anzug. In seinen Posts gewährt der attraktive Hipster-Colonel Einblicke in sein faszinierendes, künstliches Leben: So ist er beispielsweise im Fitnessstudio zu sehen, wie er in der Küche Essen zubereitet, an einem Board-Meeting teilnimmt oder wie er sich mit seiner Freundin am Strand ablichten lässt, einer ebenfalls virtuellen Influencerin oder einem „Digital Superhuman", wie es auf ihrem Instagram-Account @dagny.gram heißt.

In diesen Alltagsgeschichten tauchen wie selbstverständlich Produkte von Co-Branding-Partnern auf: So trinkt der Influencer etwa „Dr. Pepper" im Privatjet oder benetzt sein Gesicht vor dem Badezimmerspiegel mit „Old Spice". Der virtuelle Influencer war bei den Followern ein voller Erfolg: Er erzeugte eine hohe Aufmerksamkeit und generierte hohes Involvement bei den Betrachtern in Form von Views, Likes und Comments (151 Millionen earned impressions). Den zur Aktion passenden Hashtag #secretrecipeforsuccess trägt der Influencer übrigens als Tattoo auf seinem trainierten Oberkörper.

Dieses Beispiel zeigt, dass die visuelle Personifikation des Logos eine (virtuelle) Bilderwelt schaffen kann, die sich vorteilhaft auf die Unternehmenskommunikation auswirkt: Sie bietet den Rahmen für ein wirksames

Storytelling, ermöglicht die authentische Integration von Partner-Produkten, verbindet die Unternehmenstradition mit dem Zeitgeist, erhöht das Viralitäts- und Beziehungspotenzial der Kommunikation und steigert die (visuelle) Erlebbarkeit des Unternehmens insgesamt – auch, wenn der Protagonist der Imagekommunikation virtueller Natur ist (siehe auch Kap. G4).

Abb. 4: Logos sind wie Hinweisschilder. Doch sie allein schaffen keine Bilderwelt.

Farben

Farben sind der Mode unterworfen: Seit Anfang der 1990er-Jahre setzen viele Unternehmen blau als Hausfarbe ein, sie ist die Lieblingsfarbe der Deutschen. Ergebnis ist, dass sich die Unternehmen optisch kaum noch voneinander unterscheiden. Ganze Branchen wie die Investitionsgüterindustrie setzen diese Farbe ein. Ein anderes Problem mit Farben ist, dass sich selbst Forscher und Gestaltungsexperten uneinig sind, welche Assoziationen sie beim Betrachter auslösen: Mal steht rot für beschützend, mal für feindselig, mal für rebellisch und mal für gesund. Blau steht in Österreich für Treue, in Brasilien für Gleichgültigkeit, in Dänemark für Qualität, in Finnland für Unschuld und in Frankreich für Ärger und Furcht.

Es gibt kein Wörterbuch für Farben.

Farbforscher Heinrich Frieling schreibt: „Es ist nicht möglich, eine Liste von Farben mit jeweiligen Deutungen aufzustellen, so wie man Vokabeln in zwei verschiedenen Sprachen nebeneinandersetzt. Denn jede Farbe ist ambivalent (doppeldeutig) und in mancher Hinsicht auch polyvalent (mehrdeutig). Ihre Bedeutung erhält sie erst durch den Stellenwert, den sie im Ganzen des ‚Bildes' einnimmt" (Frieling 1981: 40). Farben werden im Kontext von Kultur und persönlichen Präferenzen bewertet.

Ist die Farbe Teil der Bilderwelt, erschließt sich die Bedeutung der Farbe eindeutiger.

B4 HÄUFIGE FEHLERQUELLEN

In unserer langjährigen Bildpraxis sind wir immer wieder auf folgende Fehlerquellen gestoßen:

- **Bilder lenken ab:** Die Bilderwelt sieht zwar schön aus, aber sie ist nur Blickfang, der von der eigentlichen Kommunikationsbotschaft ablenkt. In diesem Fall könnte sich die Bezugsgruppe an das Motiv erinnern, aber nicht an das Unternehmen. Oder die Betrachter übertragen die allgemeine positive Anmutung der Bilder auf Ihr Unternehmen, aber Ihre Bilderwelt wirkt nicht so stark, wie sie eigentlich könnte, weil sie keine spezifischen Aussagen vermittelt. Daher: Stellen Sie immer den Zusammenhang zwischen Thema des Bildes und Unternehmen klar (siehe Kap. F4 über die Bedeutungsebene).
- **Bilder vermitteln nicht die Unternehmenspersönlichkeit:** Bilder sehen zwar schön aus und sie schaffen eine positive Grundstimmung für die Aufnahme der Botschaften – jedoch haben sie keinen direkten Bezug zum Unternehmen und seinen Leistungen, was deren Wirkungspotenzial einschränkt.
- **Keine Abstimmung mit dem Text:** Die Botschaften der Bilderwelt sind nicht auf die Textbotschaften abgestimmt. Folge: Die Bezugsgruppen wissen nicht, was sie glauben sollen – sie werden unsicher, sind irritiert und verlieren das Vertrauen.
- **Keine positiven Assoziationen:** Die Bilderwelt transportiert Ihre Botschaft, aber ihr Stil passt nicht zu Ihren Bezugsgruppen – sie wird von diesen als nicht attraktiv und untypisch wahrgenommen.
- **Stereotype und austauschbare Bilder:** Die Bilderwelt ist nicht individuell, also eigenständig genug. Der Betrachter könnte denken: „Wenn das Unternehmen austauschbare Bilder zeigt, dann wird es austauschbar sein."
- **Häufiges Wechseln der Bildmotive:** Die Themen für die Bilderwelt wechseln, was verfestigte innere Bilder verhindert. Stattdessen sollten Sie das Thema der Bilderwelt häufig zeigen, damit feste Gedächtnis-

strukturen entstehen können. Ihre Bezugsgruppen sollten bei jedem Betrachten den gleichen visuellen Eindruck erhalten, damit sich die Gedächtnisspur festigt, die frühere Kontakte geschaffen haben.
- **Bildmotive haben eine unklare Bedeutung:** Bilder sind vieldeutig (Polysemie). Das Bild einer Maschine oder eines Menschen kann viel bedeuten. Diese Bedeutung lässt sich nicht im Wörterbuch nachgeschlagen, sondern muss durch Überschriften oder Bildzeilen deutlich werden (Framing). Haben die Bezugsgruppen dies gelernt, reicht das Bild allein aus.
- **Bilder lösen ungewünschte Reaktionen aus:** Da Bilder starke Gefühle auslösen, muss geklärt sein, dass die Bilderwelt bei der Bezugsgruppe nur positive Assoziationen mit dem Unternehmen auslöst.

Fazit

- Die heutige Bildpraxis in Unternehmen und Organisationen bietet viele Möglichkeiten der Optimierung.
- Großes Potenzial liegt in der Koordination von Bildern und deren stimmigem Einsatz.
- Die klassischen Elemente des visuellen Erscheinungsbildes (Corporate Design) reichen in der Unternehmenskommunikation angesichts der heutigen Marktbedingungen allein nicht mehr aus, um die Unternehmenspersönlichkeit angemessen zu visualisieren und innere, verhaltenswirksame Bilder entstehen zu lassen.
- Das Corporate Design sollte künftig als Standard Bilderwelten enthalten, damit es zukunftsfähig bleibt.

C

BILDER IM CORPORATE IMAGERY MANAGEMENT

In diesem Kapitel erfahren Sie:

- welche Bedeutung Bilder haben;
- welche Funktionen sie in der Unternehmenskommunikation übernehmen;
- wie Bilder wirken;
- wie Ihre Bilder die Wahrnehmung Ihrer Bezugsgruppen erleichtern können.

C1 BEDEUTUNG VON BILDERN

YouTube, Facebook, Instagram – Bilder scheinen in den vergangenen Jahren immer wichtiger geworden zu sein. Aber nicht nur in den digitalen Medien: Der Einsatz von Bildern hat in vielen Bereichen unseres täglichen Arbeits- und Privatlebens zugenommen:

- **Zeitungen und Zeitschriften:** Bilder nehmen in Printmedien einen immer wichtigeren Stellenwert ein: *New York Times, Zeit, Frankfurter Allgemeine Zeitung und Focus* sind stark visuell ausgerichtet. In jüngerer Zeit ist die visuelle Rechtskommunikation Thema in der Unternehmenskommunikation geworden, also die PR-Begleitung von Gerichtsverhandlungen im Rahmen der Litigation-PR, wie Beispiele von Volkswagen und der Deutschen Bank zeigen.
- **Fernsehnachrichten:** Im Hintergrund der Tagesschau-Sprecher sind große Bilder der Themen des Tages zu sehen. Alle Meldungen sind mit Filmbeiträgen unterlegt. Moderatoren sind das Gesicht des Senders, sie sind als Anchorman und Anchorwoman die Aushängeschilder des Senders.
- **Computer, Smartphones, Tablets:** Die Nutzeroberflächen von Computern sind seit jeher visuell ausgerichtet. Analogien zum Schreibtisch ermöglichen dem Nutzer den intuitiven Umgang mit dem Computer. Im Netz finden wir Bilder, Videos, Grafiken, Banner, Icons, Logos, Games, grafische Navigation. Bilder und Videos im Alltag sind selbstverständlich. Neue Technologien fördern die Bedeutung von Bildern in Augmented Reality (AR), Virtual Reality (VR), 360-Grad-Videos, immersivem Journalismus und Wearable Computing.
- **Vortragsunterlagen:** Präsentationen haben sich zu modernen Multimedia-Präsentationen gewandelt, die animierte Bilder, Grafiken und Videos einbetten.

- **Messen und Ausstellungen:** Messebesucher lassen sich durch Bilder leiten. Sie wollen oft weniger lesen und mehr sehen – dröge Messeauftritte wandeln sich zu mitreißenden, bildreichen Events. Selbst Fachbesucher lassen sich durch Bilder leiten: Ein Pneumatik-Experte verwendete vor einigen Jahren erstmals in seiner Branche große Plakate mit Menschen auf seinem Messestand – ein Blickfang für die Messegäste, die ihre Wirkung nicht verfehlte. Mittlerweile ist die Konkurrenz mit Bildern nachgezogen.
- **Politik:** Die Politik ist in den vergangenen Jahren wesentlich visueller geworden. Ein Beispiel ist die Inszenierung von Politikern im Wahlkampf, in den Massenmedien und Social Media, wie die Beispiele von Barack Obama und Donald Trump zeigen.
- **Wirtschaft:** Auch viele Spitzenmanager nutzen Bilder, um auf sich aufmerksam zu machen und ein einzigartig, attraktives Image aufzubauen wie die Beispiele von Steve Jobs, Richard Branson, Jack Ma und Elon Musk zeigen.

Ein Großteil des Gehirns ist mit Bildern beschäftigt

Ein Grund für die zunehmende Bedeutung von Bildern in den letzten Jahren ist, dass sie im Vergleich mit Texten wesentlich schneller auffallen, leichter aufgenommen, verarbeitet und länger gespeichert werden:

- **Schnelle Aufmerksamkeit:** Bilder wirken wie schnelle Schüsse im Gehirn, wie dies Marketingexperte Werner Kroeber-Riel ausgedrückt hat. Bilder werden 60.000-mal schneller wahrgenommen als Texte. Sie werden leichter aufgenommen, verarbeitet und gespeichert. Wir beachten Bilder vor Texten (Bilddominanz, Picture Priority).
- **Leichte Aufnahme:** Eine Imageanzeige wird etwa 1,7 bis 2 Sekunden beachtet. In dieser Zeit nehmen Betrachter etwa 5 Prozent der Informationen auf; für alle würden sie 35 bis 40 Sekunden benötigen. 76 Prozent der Aufmerksamkeit werden für das Bild aufgewandt, 16 Prozent für die Überschrift und nur 8 Prozent für den Text. Die Betrachter nehmen 50 bis 70 Prozent der Bildinformationen auf, aber nur 2 Prozent der Textinformationen, das sind etwa 6 bis 7 Wörter (vgl. Kroeber-Riel 1996; Kroeber-Riel/Esch 2015).

- **Schnelles und leichtes Verarbeiten:** Bilder verarbeitet das Gehirn weitgehend automatisch und ohne großen gedanklichen Aufwand.
- **Bilder sind überzeugender als Text:** Bilder beweisen anscheinend, dass sich etwas genauso abgespielt hat: „Ich habe es doch genau auf dem Bild gesehen!" Bilder dokumentieren für uns die Wirklichkeit. Schon Säuglinge lächeln und wenden sich Bildern zu, die einem realen Gesicht stark ähneln – später müssen sie lernen, ein Bild von der Realität zu unterscheiden. Widersprechen sich Bild und Text, halten wir die Bilder für wahr, die Texte für unwahr. Reine Bildanzeigen überzeugen stärker als reine Textanzeigen.
- **Langes Speichern:** Noch nach Tagen können Probanden Hunderte von Bildern wiedererkennen.
- **Verhaltenswirksamkeit:** Professionelle Bilderwelten sind stark verhaltenswirksam: Starke und lebendige Bilderwelten wirken auf die Gefühlswelt der Menschen, die wiederum steuernden Einfluss auf deren Verhalten hat.

Bilderwelten wecken schnell Aufmerksamkeit, sie lassen sich leicht aufnehmen, leicht verarbeiten und man erinnert sich lange an sie.

Bilder sind vertrauensbildend

Bilder gelten als besonders glaubwürdig, weil wir sie als real wahrnehmen. Haben wir ein klares Vorstellungsbild des Unternehmens und ist es unseres Vertrauens würdig, können wir entscheiden, ohne lange zu überlegen und vergleichen zu müssen. Das Vertrauen, das wir in den Firmenchef oder die Mitarbeiter haben, können wir auf deren Leistung oder das Unternehmen übertragen. Vertrauen bedeutet schlicht Zuverlässigkeit und Berechenbarkeit. Es verringert unser wahrgenommenes Risiko, vom Unternehmen enttäuscht zu werden. Vertrauen hat sogar eine ökonomische Seite: Durch Vertrauen sparen wir Kosten, die wir zur Verringerung von Risiken ausgegeben hätten, zum Beispiel Informationskosten für die Suche nach geeigneten, zuverlässigen Anbietern oder finanzielle Reserven zur Abdeckung von Risiken durch eine Versicherung. Zuverlässige Unternehmen sind wie Versicherungen: Sie nehmen uns Risiken ab. Wolf Lotter schreibt in der Zeitschrift *brand eins* vom Februar 2005: „Vertrauen ist eine Methode, die unser Leben leichter macht, weil das Unbekannte nicht für immer gefährlich bleibt, sondern mit der Zeit zu einer vertrauten Sache wird. Das ist die Grundlage einer guten Beziehung oder für das, was in der Wirtschaft ein gutes Geschäft genannt wird."

C2 FUNKTIONEN VON BILDERN

Bilderwelten sorgen dafür, dass Ihr Unternehmen gedanklich präsent bleibt. Sie können wirkungsvoll über die Leistungen Ihres Unternehmens informieren und die mit ihm verbundenen Gefühle vermitteln. Grundsätzlich gibt es drei Funktionen für Ihre Bilderwelt:

- **Bekanntheit schaffen:** Diese bedeutet eine gedankliche Präsenz Ihres Unternehmens bei Ihren Bezugsgruppen: „Hier bin ich." und „Ich bin noch da." Ist ein Unternehmen nicht gedanklich präsent, kommt es im Fall einer Entscheidung nicht als Alternative infrage.
- **Informieren:** Ihre Bilderwelt informiert über Eigenschaften und Leistungsvorteile Ihres Unternehmens: „Dies solltest Du/willst Du über mein Unternehmen wissen" (Baumaschinen von Zeppelin).
- **Starke Erlebnisse auslösen:** Ihre Bilderwelt vermittelt Erlebnisse (Bündel von Gefühlen) und löst Erlebnisse beim Betrachter aus.

Die Funktionen von Bilderwelten sind: auffallen, informieren, Erlebnisse vermitteln.

Bekanntheit gestalten

Sind Menschen nicht sonderlich an Ihrem Unternehmen interessiert, hat die Bekanntheit eine herausragende Bedeutung: Sucht jemand nach einem Anbieter im Internet, fallen ihm zuerst Ihr Unternehmen und dessen Bilderwelt ein. Hintergrund ist, dass bei gleichen Leistungen und geringem Interesse jenes Unternehmen bevorzugt wird, das gedanklich am stärksten präsent ist. Wer ein Elektrogerät sucht und sich nicht lange mit der Suche beschäftigen will, fragt im Laden nach jenem Unternehmen, das ihm zuerst einfällt – Sony, Samsung, Nokia etc. Wie das Unternehmen bei geringem Interesse der Bezugsgruppen inszeniert und erlebbar wird, spielt keine allzu große Rolle. Entscheidend ist, Bilder zu zeigen, die aktivieren, weil sie beispielsweise ungewöhnlich sind. Bilder werden nicht bewusst gedanklich verarbeitet und können Handlungen direkt auslösen. So lässt sich erklären, dass wir Leistungen von Unternehmen in Anspruch nehmen, deren Werbung wir eigentlich nicht mögen.

Auffallen durch das MAYA-Prinzip

Maximale Aufmerksamkeit erzielen Bilderwelten, die dem MAYA-Prinzip folgen: Most-Advanced-Yet-Acceptable (frei übersetzt: Das Neuartigste, das gerade noch akzeptiert wird). Bezugsgruppen sind häufig offen für alles Neue, solange es genauso aussieht wie das Alte. Gute Bilderwelten sollten daher möglichst neuartig gestaltet sein, aber nicht über die MAYA-Schwelle hinausgehen. Solche Bilder aktivieren durch Abweichung vom Üblichen und durch Überraschendes, wobei sie gleichzeitig an Bekanntes anknüpfen.

Ihre Bilderwelt sollte neu sein und hierbei an vorhandene Gedächtnisinhalte anknüpfen. Motto: Abweichen von der Norm.

Informieren durch Bilder

Informierende Bilder bieten sich an, wenn Ihre Märkte wenig entwickelt und Leistungsvorteile möglich sind. Sie eignen sich auch für Innovationen und Produkte, denen der Konsument großes Interesse entgegenbringt wie in der Computer- und Multimediaindustrie und bei Investitionsgütern. Ihre Bilder können über Eigenschaften und Leistungen Ihres Unternehmens informieren, zum Beispiel über Kundenfreundlichkeit. Wenn Sie Ihre Bezugsgruppen nach inneren Bildern fragen, nennen diese vor allem sachlich-funktionale Eigenschaften, wie dies KUKA mit der Eigenschaft „Präzision“ getan hat (https://www.youtube.com/watch?v=tlIJME8-au8&t=21s).

Diese Form der Bilderwelt eignet sich für jene Unternehmen, deren Leistungen sich von denen der Konkurrenz auch langfristig deutlich wahrnehmbar unterscheiden. Beachten Sie aber, dass sich diese Leistungsmerkmale auf Ihr gesamtes Unternehmen erstrecken und auch mit den Bilderwelten für Produkte kompatibel sind, da sonst Widersprüche auftreten könnten, die Ihre Bezugsgruppen irritieren. Leistungsbezogene Bilderwelten könnten bei einem sehr breiten Angebot zu begrenzt sein.

Aufgrund der Austauschbarkeit der Leistungen ist dies jedoch immer schwerer möglich.

Sachlich-rationale Informationen bieten immer weniger Möglichkeiten, sich vom Wettbewerb abzugrenzen.

Angenehmes Klima auf informativen Bildern

Wichtig zu beachten ist: Auch informierende Bilderwelten sollten ein angenehmes Klima entstehen lassen, um die Aufnahme der Bildaussage durch Aktivierung des Betrachters zu erhöhen. Sie wollen sich sicher auch lieber angenehm unterhalten, als von einem Besserwisser belehrt zu werden. Eine positive Wahrnehmungsatmosphäre kann schon ein ansprechender Hintergrund erreichen, beispielsweise in Form von attraktiven Landschaften, Lichtstimmung oder Farbigkeit. Diesen Effekt bezeichnen Fachleute als „Klimawirkung durch Bilder".

Allein, dass Ihre Bilderwelt den Bezugsgruppen gefällt, lässt diese schon wirken. Solche Bildelemente können Farben sein, Blumen oder Dekorationen.

Erlebnisse erzeugen durch Bilder

Bilderwelten können Erlebnisse darstellen, also Bündel von Gefühlen, die wiederum Erlebnisse beim Betrachter auslösen. In Zeiten austauschbarer Leistungen wird dies immer wichtiger wie die Beispiele von Edeka: „Wir lieben Lebensmittel" und Henkel: „A brand like a friend" zeigen. Die Werbewissenschaftlerin Sandra Moriarty schreibt: „Wenn Du Spaß, Angst, Frische, Glück, Zufriedenheit, Stolz etc. ausdrücken willst, kannst Du es eindrucksvoller, greifbarer, viel lebendiger, nachhaltiger und durchdringender zeigen als sagen" (Moriarty 1986: 17, zit. nach Petri 1995: 13).

Erlebnisse sind für uns deshalb so wichtig, weil wir alle wichtigen Erinnerungen gemeinsam mit einer Bewertung in unserem Gedächtnis ablegen – ob diese positiv oder negativ für uns war. Unser psychisches System speichert also ein Bild mit Wissen und den damit verbundenen Gefühlen ab – also der Bewertung, ob uns dieses Bild gefallen hat oder nicht. Außerdem behalten wir Erinnerungen an das Körpergefühl wie ein warmes

Bauchgefühl oder einen Schauer über den Rücken, das wir bei dem Erlebnis hatten – so entsteht unser emotionales Erfahrungsgedächtnis, das im Laufe unseres Lebens wächst und uns immer besser bei Entscheidungen unterstützt.

Abb. 5: Bilder können starke Erlebnisse auslösen.

Erlebnisreiche Bilder sind vor allem für jene Unternehmen bedeutsam, für die sich die Bezugsgruppen nur wenig interessieren, wie es zum Beispiel bei Stadtwerken, Stromunternehmen und Kabelanbietern der Fall ist. Sie eignen sich auch, wenn Leistungen auf den Märkten ausgereift sind. Beispiele für Unternehmen, die mit starken Gefühlen verbunden sind:

- **Unternehmen, deren Leistung mit Erlebnissen verknüpft sind,** zum Beispiel Tesla, Netflix und Disney.
- **Unternehmen, die Entfremdung und Anonymität überwinden,** zum Beispiel durch persönliche Bekanntschaft mit dem Anbieter wie im Fall von Hipp, Virgin und Swarovski.
- **Authentische Unternehmen,** deren Hersteller, Herstellungsregion oder Herstellungsverfahren einen besonderen Ruf genießen und deren Echtheit verbürgt ist, zum Beispiel Weleda, Rügenwalder Mühle, Solinger Schneidewaren.
- **Unternehmen, die einen besonderen Prestigewert haben,** oder einen bestimmten Lebensstil verkörpern wie Mercedes, Armani, Nike.

- **Unternehmen, die einfach nur sympathisch sind,** zum Beispiel durch entsprechende Unternehmenskommunikation, wie die Berliner Stadtreinigung und die Berliner Verkehrsbetriebe (siehe Kap. F5).

Allein das Bild eines Menschen reicht aus, um starke Gefühle in uns auszulösen. Diese können so extrem sein, dass sie unsere Entscheidungen weit mehr beeinflussen, als uns bewusst ist und wir uns eingestehen, weil wir unsere Entscheidungen unserem Selbstverständnis gemäß objektiv und kritisch treffen wollen. Gefühle interessieren nicht? Diese sind bei der Bewertung von Unternehmen schon dann im Spiel, wenn jemand ein Unternehmen mag oder nicht mag. Und wer möchte nicht, dass Menschen das eigene Unternehmen mögen?

Klimawirkungen und Positionierung

Unterscheiden Sie zwischen der Klimawirkung von Bildern und der Positionierung:

- **Klimawirkung:** Bilder können ein positives Klima erzeugen und das Lesen angenehmer gestalten, zum Beispiel im Geschäftsbericht. Solche atmosphärischen Wirkungen sorgen dafür, dass Wissen eher abgerufen wird, das positiv gespeichert ist. Die positive Anmutung sorgt dafür, dass Informationen positiver aufgenommen und beurteilt werden.
- **Positionierung:** Positionierung bedeutet, Ihr Unternehmen mit einem einzigartig attraktiven Erlebnisprofil zu verbinden, das starke Gefühle in den Bezugsgruppen auslöst und sich vom Wettbewerb abhebt.
- **Positionierung und Klimawirkung:** Sie können beides kombinieren – im Mittelpunkt der Bildaussage steht die Positionierung Ihres Unternehmens. Überdies erzielen Sie Klimawirkung, wenn nebensächliche Bildelemente wie der Hintergrund eine positive Anmutung erzeugen.

C3 PSYCHOLOGIE DER BILDWIRKUNG

Bedeutung des Sehens

Wir Menschen orientieren uns in unserer Umwelt stark visuell: Über 80 Prozent unserer Sinneswahrnehmungen sind visuelle Reize. Wie kein anderes Organ sind unsere Augen mit dem Gehirn eng verbunden. Bilder bewegen sich auf der gleichen Sinnesebene wie das schweifende Auge. Sie wirken direkt, ohne Umwege. Texte hingegen sind optisch verschlüsselte Sprache und Sprache ist ursprünglich ein Hör- und kein Seherlebnis. Dies ist einer der Gründe für die Wirkung von Bildern: Sie sprechen direkt die visuellen Zentren unseres Gehirns an und müssen nicht zuvor entschlüsselt werden wie Sprache und Symbole. In Zeiten der Informationsüberlastung kommt dies noch stärker zum Tragen: Bilder verarbeiten wir schneller als Texte, wir beachten sie beim schnellen Blättern deutlich stärker als Textinformation. Durch eine starke Bilderwelt können Sie deshalb das Interesse wecken, und dafür sorgen, dass Ihre Textbotschaften auch gelesen und nicht nur überflogen oder gar ignoriert werden. Motto: Das Bild zieht, der Text bindet.

Scheinwerfer der Aufmerksamkeit

Wenn wir ein Bild betrachten, haben wir den Eindruck, dass unsere Augen das Bild mit einem Blick erfassen können. Dieser Eindruck täuscht: Unser Blick tastet das Bild mit unregelmäßigen Sprüngen ab, die wir nicht bewusst wahrnehmen. Unser Auge sieht nur im Zentrum des Sehfelds scharf, ungefähr so viel, wie eine Euro-Münze abdeckt. Den Rest nehmen wir unscharf wahr. Zum Verarbeiten eines Bildes verweilt der Blick zuerst auf einem für die Informationsaufnahme wichtigen Punkt. Er springt dann ruckartig und schnell zum nächsten Punkt, verweilt wieder kurz, springt weiter etc. Das Verweilen des Blickes auf einem Punkt wird

„Fixation" genannt, der schnelle Sprung „Sakkade". Was unser Auge tatsächlich sieht, ist aufgrund der vielen Sakkaden ziemlich chaotisch, eine Form von Sehfetzen, im Schnitt eine Drittelsekunde lang. Während sich unser Auge bewegt, sind wir praktisch blind, also etwa 100.000-mal am Tag. Nur während den Fixationen, also den Ruhephasen des Auges, nehmen wir Information auf. Über die Messung unserer Blickbewegungen können wir bestimmen, welche Informationen wir aufgenommen, und welche wir übersehen haben.

Sehen als selektiver Prozess

Unsere Wahrnehmung ist stark selektiv: Nur einen geringen Teil der auf uns einprasselnden Informationen verarbeiten wir. Zwischen Information und Aufnahme steht ein Filter: die Aufmerksamkeit. Sie bestimmt, was wir sehen und was wir übersehen. Wie ein Scheinwerfer bewegt sie sich über die aufgenommenen Informationen, wenn Sie an das Lesen einer Tageszeitung denken. Wohin der Scheinwerfer strahlt, wird Information im Gehirn weitergereicht. Bilder ziehen die Aufmerksamkeit besonders stark an. Wie stark, das hängt ab von:

- **Bild:** Kontrast, Konsistenz, Klarheit etc.
- **Person:** Interesse, Geschlecht, Alter etc.
- **Situation:** Zeitdruck etc.

Das Bild wirkt einerseits durch seine formale Gestaltung und andererseits durch seinen Inhalt, also die gewählten Bildmotive. Formale Gestaltungsmerkmale, die Aufmerksamkeit auf sich ziehen sind:

- **Größe:** Je größer das Bild, desto mehr Aufmerksamkeit entfällt auf das Bild. Ein großes, wichtiges Bild sollten Sie daher meist mehreren kleineren Bildern vorziehen. Detailaufnahmen werden zu 50 Prozent mehr beachtet als Totalaufnahmen.
- **Farbe:** Farbige Bilder ziehen grundsätzlich mehr Aufmerksamkeit auf sich als schwarz-weiße Bilder. Farbige Bilder werden länger betrachtet, besser erinnert und wiedererkannt. Ausnahme sind Schwarz-Weiß-Fotos in einem sehr farbigen Umfeld. Hier ist der Kontrasteffekt stärker als der Farbeffekt.
- **Kontraste:** Das Auge reagiert stark auf Kontraste, zum Beispiel auf einen grünen Punkt auf einer roten Fläche (Farbkontrast) und eine

schräge Linie im Umfeld von graden Linien (Orientierungskontrast).

- **Bewegung:** Ein Auto in Bewegung wirkt stärker als ein parkendes Auto. Wenn möglich, sollten Sie Dynamik in Ihre Bilderwelt einbauen, zum Beispiel, indem Sie Scheinbewegungen durch unscharfe Konturen darstellen (Bewegungsunschärfe). Möglich ist auch, einen gelernten Handlungsablauf zu zeigen, denn unser psychisches System kann den Handlungsablauf vervollständigen.
- **Ungewöhnliche Formen:** Überraschendes zieht stark die Aufmerksamkeit an. Beachten Sie hierbei das MAYA-Prinzip, um den Betrachter nicht zu überfordern (siehe Kap. C2).

Das Wort als Bild

Auch Texte werden zuerst visuell entschlüsselt und verarbeitet. Dies geschieht im Wortform-Areal. Bitte versuchen Sie, folgenden Text zu entschlüsseln:

Gmaeß eneir Sutide eneir elgnihcesn Uvinisterat, ist es nchit witihcg in wlecehr Rneflogheie die Bstachuebn in eneim Wrot snid, das ezniige was wcthiig ist, ist dass der estre und der leztte Bstabchue an der ritihcegn Pstoiion snid. Der Rset knan ein tto- aelr Bsinoeldn sien, tedztorm knan man ihn onhe Pemoblre lseen. Das ist so, wiel wir nciht jeedn Bstachuebn enzelin leesn, snderon das Wrot als gseatems. Vrsetneandn?

Die für das Lesen von Schriftsprache entwickelten Hirnbereiche sind aus visuellen Arealen entstanden, die ursprünglich für das Erkennen von Objekten zuständig waren. Selbst jene Region der Sehrinde, die auf Wörter am stärksten anspricht, ist gleichzeitig sensibel für Bilder oder Zeichnungen von Gesichtern und Objekten. Dies verdeutlicht erneut die Bedeutung von Bildern für die Aufnahme und Verarbeitung von Informationen.

Wege der Bildwirkung

Wenn wir ein Bild betrachten, laufen in Sekundenschnelle eine Reihe unbewusster Prozesse ab. Psychologen unterscheiden zwei zentrale Wege der Bildwirkung:

1. **„Von unten nach oben“:** Unser Auge erfasst die Bildreize. Dieser Weg verläuft vom Bild zum Betrachter, von „unten nach oben“ (bottom-up).

2. **„Von oben nach unten":** Der Betrachter projiziert sein Vorwissen, seine Erwartungen, auf das Bild. Dieser Weg verläuft vom Betrachter zum Bild, von „oben nach unten" (top-down). So wissen wir, dass wir gerade ein Foto von Venedig sehen, weil wir die Gondeln kennen.

Die Bildwirkung entsteht aus der Wechselwirkung beider Wege: zum einen den im Bild enthaltenen Reizen wie Farben, Formen, Bewegung, Gesichter – und zum anderen aus dem Vorwissen, das der Betrachter mitbringt und an das Bild heranträgt. Dieses Vorwissen hilft uns die Fülle der Bilder schnell zu verarbeiten, die uns täglich begegnen. Nur selten halten wir inne und reflektieren über die Wirkung eines Bildes wie im Fall einer Foto-Ausstellung.

Abb. 6: Mit Vorwissen können Sie die Bedeutung des Bildes erfassen.

Zeitrahmen der Bildwirkung

Bilder wirken enorm schnell: Schon nach 200 Millisekunden zeigen wir erste Reaktionen auf ein Bild – dies entspricht der Dauer eines Augenzwinkerns. Bilder sind schnelle Schüsse ins Gehirn: Eine viertel Sekunde genügt, um das differenzierte Bild eines Gegenübers entstehen zu lassen. In einer Studie hat die Bildwissenschaftlerin Marion Jendraczyk einer Gruppe von Beurteilern Bewerbungsfotos in unterschiedlicher Dauer präsentiert. 250 Millisekunden genügten dabei, um dem Bewerber Eigenschaften wie „autoritär", „sympathisch", „intelligent" zuzuschreiben. Dieselbe Zeit reichte aus, um zu entscheiden, ob man die Person als Chef, Bekannten oder Partner haben möchte oder nicht. Selbst wenn die Betrachter mehr Zeit hatten, änderten sie ihr Urteil nicht: Die Urteile nach 250 Millisekunden Präsentationsdauer stimmten zu 92 Prozent mit den Urteilen bei dauerhafter Bildpräsentation überein (Jendraczyk 1991). Diese Ergebnisse haben Folgestudien bestätigt und sie zeigten sich auch bei der Beurteilung der Porträtfotos von Politikern. Wenn also Kommunikation schnell gelingen soll, sind Bilder im Vorteil: In jener Zeit, in der ein Bild mittlerer Komplexität aufgenommen und verarbeitet wird, können Sie nur sieben bis zehn Wörter vermitteln.

Abb. 7: Nach einer Sekunde können wir der Person viele Merkmale zuordnen.

Aktivierung

Eine weitere starke Wirkung von Bildern neben der Aufmerksamkeit ist die Aktivierung. Aktivierung sorgt für Wachheit des Organismus. Sie versorgt den Körper mit Energie und versetzt ihn in erhöhte Leistungsbereitschaft und Leistungsfähigkeit. Das Bild eines Babys löst innerhalb von 200 Millisekunden nachweisbar andere Hirnströme aus als das weniger aktivierende Bild eines Hauses. Aktivierung ist demnach eine Voraussetzung für eine nachhaltige Wirkung. Was aktivieren Bilderwelten? In erster Linie Gedächtnisinhalte und damit verbundene Stimmungen und Gefühle: Ein Bild der Alpenwelt weckt Erinnerungen an eigene Wanderungen, Kindheitserlebnisse und die Gefühle, die wir damit verbinden. Das Foto eines Babys kann innere Bilder der eigenen Kinder und Erinnerungen an die eigene Kindheit auslösen.

Fotos, die innere Bilder entstehen lassen, wirken besonders stark und nachhaltig.

Abb. 8: Das Bild eines Babys löst andere Hirnströme aus als das von einem Haus.

Möglich macht dies der Mandelkern, in der Fachsprache „Amygdala" genannt. Der Mandelkern befindet sich in der Tiefe des Gehirns und spielt die entscheidende Rolle bei der Entstehung von Gefühlen und der Bildung unseres Gedächtnisses: Kurz gesagt versieht der Mandelkern alle einströmenden Informationen mit einer emotionalen Wertung. Welche Information in den Langzeitspeicher gelangt, hängt davon ab, wie emotional wichtig diese Information ist. Dies ist auch für das lebenslange Lernen wichtig: Haften bleibt, was den Mandelkern positiv wie negativ anrührt. Belanglose Bilder aktivieren den Mandelkern nur wenig – an solche Bilder erinnern wir uns kaum. Hingegen aktivieren mitreißende Bilder den Mandelkern und öffnen das Tor zum Gedächtnis. Sie hinterlassen eine Gedächtnisspur wie die tragischen Bilder des 11. September.

Aktivierende Bilder sind sehr wirksam, weil sie Gefühle transportieren und man kann sich hierdurch besser erinnern kann.

Drei Arten von Aktivierungsreizen lassen sich unterscheiden:

- Emotionale Reize
- Kognitive Reize
- Physische Reize

Emotionale Reize

Emotionale Reize haben für die Bildwirkung den höchsten Stellenwert: Sie sprechen die Bedürfnisse des Menschen an und nutzen sich kaum ab. Zu diesen Reizen gehören Erfolg, Freiheit, Schönheit, Kultur, Essen und Trinken, Liebe und Erotik, Familie, Gesundheit und Reisen. Folgende Schlüsselreize gewinnen oft die Aufmerksamkeit der Bezugsgruppen:

- **Erotische Reize** aktivieren am stärksten. Jedoch können sie vom Kommunikationsobjekt ablenken (Vampir-Effekt).
- **Biologisch programmierte und daher kulturübergreifende Bilder** sind zum Beispiel das „Kindchenschema", Tiere und das Helden-Motiv.
- **Geografisch geprägte Bilder** sind das „Tropenschema" und das „Bayernschema".
- **Bezugsgruppenspezifisch gelernte Bilder** sind das Fußballschema, Hip-Hop etc.

- **Archetypische Darstellungen** sind Traumbilder, Märchenfiguren, Gestalten aus Sagen und Mythen etc.
- **Körpersprache** ist zum Beispiel die Mimik bei Freude, Wut, Überraschung, Trauer, Ärger und Ekel.

Abb. 9: Das „Tropenschema" gehört zu den geografisch geprägten Bildern und wird oft in der Werbung eingesetzt.

Kognitive Reize

Kognitive Reize können durch Irritationen aktivieren, wie im Fall von Humor, Überraschungen und Abweichungen vom Bekannten. Kognitive Reize wirken nicht so spontan und stark wie Gefühlsreize. Sinnvoll ist, diese für Bezugsgruppen mit stärkerem Interesse einzusetzen.

Abb. 10: Überraschungen können stark aktivieren.

Physische Reize

Zu den physischen Reizen gehören Bildgröße, Farbe, Dynamik. Physische Reize aktivieren immer, weil sie unübersehbar sind, wie zum Beispiel ein Plakat oder eine große Anzeige. Die Betrachtungsdauer nimmt mit der Anzeigengröße zu. Detailaufnahmen aktivieren stärker als Übersichtsaufnahmen.

Assoziationen

Bilder sprechen gespeichertes Wissen an und lösen Assoziationen aus, also Gedankenverbindungen. Sie sind wie Schlüssel, die das Tor zu inneren Bildern und Bilderwelten öffnen. Sie heißen deshalb auch „Schlüsselbilder". Ein Beispiel aus der Werbung ist die „lila Kuh": Sie lässt Bilder der Alpenwelt entstehen. Zur Wirkung von Bildern trägt bei, dass die visuellen Zentren des Gehirns mit weiteren sensorischen Hirnarealen verknüpft sind: Stellen Sie sich vor, wie frisch gemähtes Gras auf einer Frühlingswiese riecht. Unsere Sinnesorgane arbeiten nicht getrennt voneinander, sondern sie ergänzen sich zum ganzheitlichen Erlebnis. Wie fühlt es sich an, wenn Sie mit dem Zeigefinger auf den Dorn einer Rose tippen? Wie hört es sich an, wenn ein Bier gezapft wird?

Der Königsweg der Bildwirkung führt über innere Bilder und die mit ihnen verbundenen Gefühle und Gedächtnisinhalte.

Abb. 11: Bilder können mehrere Sinne ansprechen.

Vermischung der Sinne

Besonders deutlich wird das Zusammenarbeiten der Sinne im Phänomen der „Synästhesie", auch als „Vermischung der Sinne" bezeichnet: So wirkt sich die die glatte Oberfläche des Café-Tisches auf den Geschmack des Kaffees aus; blaue Wände lassen den Raum kälter erscheinen; der dicke, griffige Kranz eines Lederlenkrads vermittelt den Eindruck eines Sportautos.

Ein Bild kann mehrere Sinne aktivieren. Gelingt es einem Bild, alle Sinne anzusprechen, verstärkt sich die Wirkung der fünf Sinne auf das Zehnfache (Multisensory Enhancement).

Duale Kodierung

Einfache, konkrete Bilder und Wörter wie „Sonnenuntergang" oder „Strand" legen wir doppelt im Gedächtnis ab – dies wird als „duale Codierung" bezeichnet. Die Bilder benennen wir mit Wörtern und verbinden die Wörter mit Bildern. Hingegen können wir abstrakte Begriffe wie „Bruttosozialprodukt" oder „Politik" nur im Sprachsystem speichern, da wir sie schwer visualisieren können. An Inhalte, die wir im dualen Code ablegen, können wir uns besser und schneller erinnern als an Inhalte, die nur in einem System vorhanden sind. Einige Zahlen hierzu: In einem klassischen Experiment wurde die kurzfristige (fünf Minuten nach der Darbietung) und die langfristige (eine Woche nach der Darbietung) Gedächtnisleistung für Bilder, sowie konkrete und abstrakte Wörter gemessen. Die Ergebnisse sprechen eine klare Sprache: Bilder können wir schneller benennen als Wörter visualisieren, somit prägen sich diese besser ein. Konkrete Wörter prägen wir uns besser ein als abstrakte Wörter (Paivio 1971).

	Bilder	Konkrete Wörter	Abstrakte Wörter
Kurzfristig	38%	17%	11%
Langfristig	18%	8%	4%

Abb. 12: Erinnerungsleistung an Bilder und Wörter.

Gedächtnisinhalte als Schema

Gespeicherte Gedächtnisinhalte werden als „Schema" oder „Konzept" bezeichnet. Schemata beziehen sich nicht nur auf statische Konstellationen wie Bilder, sondern auch auf Ereignisse. Ein Ereignisschema wird auch „Skript" genannt und im prozeduralen Gedächtnis gespeichert. Ein Skript ist ein Verhaltensablauf wie der Besuch im Restaurants – vom Betreten mit dem Umherschweifen des Blicks nach einem freien Tisch, über das Lesen der Karte, das Bestellen, das Essen, bis zum Bezahlen. Solche Skripts lassen sich durch Signalreize auslösen; sie laufen dann bis zum Ende automatisch ab: Das Bild mit dem Menü in der Hand kann das gesamte Skript des Bestellens auslösen. Interessant zu wissen ist, dass unser psychisches System die gesamte Handlung im motorischen Kontext simuliert, also nachspielt. Es wäre, als ob wir selbst das Skript ausführen, daher wird dieses Prinzip „Als-ob-Schleife" genannt (Kast 2015).

Gelernte Reaktionen

Besonders bedeutend ist die Aktivierung durch Schlüsselreize: Sie wirken auf uns, weil wir deren Bedeutung biologisch oder kulturell gelernt haben:

- **Augen:** Warum senken Menschen im Lift ihre Blicke und wissen häufig nicht, wohin sie schauen sollen? Dies hängt mit der enormen Bedeutung zusammen, die den Augen in der sozialen Interaktion zukommt. Augen haben sehr starken Signalcharakter, sie sind das Erste, was wir in einem Gesicht wahrnehmen. Um den Blick des potenziellen Feindes von den eigenen Augen abzuwenden, haben viele Kulturen Amulette als „Blickableiter" genutzt.
- **Gesichter und Kindchenschema:** Neben den Augen sind Gesichter starker Blickfänger. Der Blickverlauf startet meist bei den Augen und führt zum Mund. Der Betrachter möchte die Gefühle der Person erkunden: Fühlt sich die Person wohl, möchten wir wissen warum, um dies auch zu fühlen. Fühlt sich die Person schlecht, wollen wir den Grund kennen, um die Situation zu vermeiden. Auch der Haaransatz wird beachtet.
- **Kulturelle Schlüsselreize:** Zu den kulturübergreifend wirksamen Bildobjekten gehören etwa mythische Figuren wie z.B. Helden, Feen oder der Weise.

Speicherung und Erinnerung

Das Gedächtnis für Bilder ist besonders leistungsfähig: In einer Studie sahen Probanden 2.500 Bilder hintereinander und sie erkannten bis zu 90 Prozent wieder – selbst wenn zwischen Darbietung und Wiedererkennungstest bis zu drei Tage vergangen waren (Standing 1973).

Unsere Auffassung des Gedächtnisses hat sich grundlegend gewandelt: Vor zwanzig Jahren galt das Gedächtnis als Computer, der aufzeichnet, was eingespeist wird. Heute wissen wir, dass Erinnerungen lebendig sind und laufend mit jüngsten Erfahrungen aktualisiert werden. Der Storyteller Werner Fuchs vergleicht dies mit einer Bibliothek, aus der wir ein Buch herausholen können, das jedes Mal neu geschrieben ist. Wie sonst würden wir uns erinnern, dass wir unsere Wohnung eine Woche vorher umgeräumt haben und wo sich jetzt was befindet.

Erlebnisse speichern wir anders als wir sie erleben: Wir speichern zum einen, welches stärkste Gefühl wir hatten (Peak); zum anderen speichern wir den letzten Moment des Erlebnisses (End). Aus beiden Eindrücken bildet unser psychisches System den Mittelwert, der das Erlebnis markiert (Peak-End-Effekt). Was bedeutet dies für Bilder?

Besonders geeignet für ein Bildmotiv ist, wenn der intensivste und der letzte Moment eines Ereignisses zusammenfallen, zum Beispiel auf einem Tag der offenen Tür oder einer Produkteinführung.

Lernen von Bilderwelten

Welche Bedingungen sollten gegeben sein, damit wichtige Bezugsgruppen Ihre Bilderwelt lernen?

- **Längerfristig darbieten und oft wiederholen:** Ihre Bilderwelt muss beständig sein, damit Ihre Bezugsgruppen diese lernen und sich an sie erinnern können. Denken Sie an das Lernen von Vokabeln: Je öfter wir sie wiederholen, desto besser lernen wir sie. Zeigen wir immer neue Bilder, die keinem gemeinsamen Konzept entspringen, können wir keine Bilderwelt lernen.
- **Aufmerksamkeit durch Variation:** Die Bilderwelt muss sich entwickeln. Bereits nachdem wir ein Bild zwei bis drei Mal gesehen haben, lässt die Aufmerksamkeit nach: „Das kenne ich schon." Das Thema der Bilderwelt sollte daher viele Variationen ermöglichen und sich auch im Laufe der Zeit entwickeln, um zeitgemäß zu bleiben. Wie dies gelingt? Sie unterscheiden zwischen Konstanten und Variablen: Die Konstante bildet die zentrale Bildidee (Schlüsselbild), die im Zeitverlauf und in allen Instrumenten und Maßnahmen beständig bleibt, Halt und Orientierung gibt. Damit sich die Bilderwelt entwickelt, legen Sie Variablen fest, die sich im Zeitverlauf ändern, andernfalls wird Ihr Unternehmen als altbacken und unmodern erlebt. Variablen können zum Beispiel wechselnde Farben in einer Farbpalette sein oder Zeichen und Motive. Das Verhältnis zwischen Konstanten und Variablen hängt von Ihrem Unternehmen und dessen Umfeld ab: Bilderwelten von Modefirmen ändern sich schneller als jene von Versicherungen und Banken. Durch wechselnde Elemente in Ihrer Bilderwelt können Sie immer neue Geschichten über Ihr Unternehmen

erzählen, zum Beispiel über dessen Produkte, Wissen, Mitarbeiter und über seine Zukunft. Hierdurch lernen die Bezugsgruppen Ihr Unternehmen in seinen Facetten kennen – was vielgestaltige innere Bilder von der Unternehmenspersönlichkeit entstehen lässt. Die Bezugsgruppen können Ihr Unternehmen immer neu erleben, was deren Bedürfnis nach Abwechslung entgegenkommt. In der Fachsprache wird dies als „Variety Seeking" bezeichnet. Ihre Bilderwelt sollte daher beständig sein, sich aber auch entwickeln.
- **Gefühle sind Lernturbo:** Gefühle sind entscheidend für das Lernen: Sie wissen aus Erfahrung, dass Sie intensive Erlebnisse besser behalten als wenig ansprechende Erlebnisse. Je stärker das Gefühl, desto besser lernen wir. Gute und schlechte Gefühle werfen einen „Lernturbo" an, schreibt Hirnforscher Manfred Spitzer (2007).

Bilderwelten wirken am besten, wenn sie starke, einzigartig attraktive Erlebnisse in den Bezugsgruppen auslösen. Nennen Sie auch rationale Gründe, besonders bei wichtigen Entscheidungen, die für Ihre Bezugsgruppen mit höherem Risiko verbunden sind.

Für die Krisenkommunikation hat dies gravierende Konsequenzen: Bilder von Tierversuchen oder ölverklebten Wasservögeln nach einem Tankerunfall sind mit starken Gefühlen verbunden. Die Wirkung solcher Bilder kann lange anhalten, immer wieder aktiv werden und das Unternehmensimage dauerhaft schädigen. Trotz dieser enormen Kraft von Bildern, setzen die Verantwortlichen in der Krisenkommunikation meist auf Texte, Pressekonferenzen und schriftliche Argumente. Die Krisenkommunikation basiert damit auf sprachlich-rationalen Strategien, die den entstandenen emotionalen Bildern nichts entgegensetzen. Dies ist oft deshalb der falsche Weg, weil sich die Betroffenen und die Öffentlichkeit bedroht fühlen und vor allem auf emotionale Kommunikation reagieren. Bilder können die Bezugsgruppen beruhigen, indem sie Menschen zeigen, die mit hochgekrempelten Ärmeln alles tun, um die Krise zu meistern.

Abstimmung von Bild und Text

Bilder und Texte stehen in engem Verhältnis zueinander:

- **Bild ergänzt Text:** Ein Bild kann einen Text ergänzen, indem Sie eine im Text beschriebene Leistung durch eine andere Leistung optisch ergänzen: Zum Beispiel ist in der Toyota-Werbung das Auto zu sehen und der Sprecher nennt begleitend Zahlen zur Pannenstatistik.
- **Bild und Text wirken gemeinsam:** Beide können ein starkes Image von Ihrem Unternehmen und seinen Leistungen aufbauen. Diese duale Kodierung führt dazu, dass Ihre Bezugsgruppen die Information doppelt speichern. Ein Beispiel dafür bieten die Duracell-Häschen, die die Langlebigkeit dieser Batterie veranschaulichen sollen.
- **Text lässt innere Bilder entstehen:** Der Text kann ein inneres Bild vom Unternehmen und seinen Leistungen entstehen lassen, indem er auf schon gelernte Bilder zurückgreift. Beispiele sind „wie ein Stern strahlen".
- **Text erklärt das Bild:** Bilder sind vieldeutig (Polysemie): Die Rose kann für Romantik (träumerisch, sehnsüchtig), Sinnlichkeit (erotisch, leidenschaftlich), Liebe (verliebt, glücklich) oder Exklusivität (edel, vornehm, hochwertig) stehen. Ein Text stellt den Kommunikationszusammenhang her und erklärt dem Betrachter, welche Bedeutung das Bild hat.
- **Text vermittelt über das Bild hinausgehende Informationen:** Texte können im Gegensatz zu Bildern logische Verknüpfungen aufzeigen, im Sinne eines „Wenn … dann". Im Gegensatz zu Bildern können Texte schwierige Begriffe wie Moral und Verantwortung erläutern.
- **Kein Zusammenhang:** Beziehen sich Text und Bild nicht aufeinander, kann die Bildwirkung gering sein. Es fehlt die erklärende Bedeutung des Bildes; außerdem wird die Chance vertan, eine Botschaft auf zwei völlig unterschiedlichen Kanälen zu verankern. Der Vergleich von Anzeigen mit und ohne Text zeigt, dass die Gesamtwirkung fast immer vom Bild ausgeht, selbst wenn der Textteil überwiegt.

Bildhaftes Texten

Damit die Botschaft eindringlich gestaltet ist und nachhaltig wirkt, sollten Sie Botschaften in Bilder fassen, Texte durch Bilder ergänzen oder Texte optisch ansprechend gestalten. Bildhaftes Texten am Beispiel der „Hand“:

- Eine Hand wäscht die andere.
- Mit leeren Händen dastehen.
- Die Hand reichen.
- An die Hand nehmen.
- Hand in Hand.
- Die Hände in Unschuld waschen.

Analogien und Metaphern

Beim bildhaften Texten können Analogien und Metaphern unterstützen: Analogien sind Gleichsetzungen wie im Fall von „Wie ein neues Zuhause“ und „Wie neu“. Bei Metaphern ist ein Wort aus seinem eigentlichen Bedeutungszusammenhang in einen anderen übertragen. Beispiele: Auf einer Erfolgswelle reiten (über längere Zeit ungewöhnlich viel Erfolg haben. Drehtür-Effekt (schneller Wechsel zwischen zwei Zuständen).

Ein Beispiel für bildhaftes Texten: „Unser Herz hat zwei Kreisläufe. Den einen Kreislauf können Sie sich wie ein Frischluft-Rohr vorstellen, das dem Herzen sauerstoffreiches, gutes Blut zuführt. Das andere ist das Abgas-Rohr, das verbrauchtes Blut, vom Herzen wegführt. Jetzt haben wir die kleine Jenny, 2 Monate alt, die mit einem Herzen geboren wurde, bei dem das Abgasrohr an der falschen Stelle angewachsen ist. Und zwar an der Frischluft-Stelle! Jetzt wird das Herz statt mit Frischluft ständig mit Abgasluft versorgt …“ (https://www.rhetorik-netz.de/metaphern/).

Weiterlesen

Die ausführliche Darstellung des Zusammenhangs von Text und Bild finden Sie im Buch *Text und Bild in der Werbung* von Thomas Schierl.

Checkliste: Hilfreiche Vergleiche

Welches Element verfügt über Eigenschaften,
die das Thema erklären?

- ☐ Gibt es ein Tier?
- ☐ Gibt es eine Sportart?
- ☐ Gibt es ein Fahrzeug?
- ☐ Gibt es eine Person?
- ☐ Gibt es eine Landschaft?
- ☐ Gibt es eine Pflanze?

Fazit

- Bilder verarbeiten wir völlig anders als Texte.
- Wir nehmen Bilder schnell wahr, nehmen sie leicht auf und verarbeiten sie tief. Wir erinnern uns lange an sie und rufen sie schnell ab (Marylin Monroe steht im Abendkleid über einem New Yorker U-Bahn-Schacht. Albert Einstein streckt seine Zunge heraus).
- Bilder behalten wir durch längerfristige Darbietung, häufige Wiederholung und geringe Variation.
- Wir speichern gerade jene Bilder besonders gut ab, die starke Gefühle in uns auslösen.

D

WIRKPRINZIPIEN VON BILDER-WELTEN

In diesem Kapitel erfahren Sie:

- welche wichtigen Prinzipien wirkungsvollen Bilderwelten zugrunde liegen;
- wie Sie durch Ihre Bilderwelt einen wichtigen Beitrag zur Entscheidungsfindung Ihrer Bezugsgruppen leisten können;
- wie Bilder maßgeblich zum Handeln Ihrer Bezugsgruppen beitragen können;
- wie Sie dafür sorgen, dass Ihre Bilder ins Herz treffen.

D1 BILDERWELTEN BIETEN BELOHNUNGEN

Menschen müssen sich täglich viele tausendmal entscheiden: Tue ich es? Oder lasse ich es? Gehe ich auf etwas zu, weil es mir guttut? Oder gehe ich von etwas weg, weil ich es nicht mag? Wie organisiert sich unser Gehirn, um solche Entscheidungen zu treffen? Grundsätzlich funktioniert unser Gehirn nach dem Grundprinzip: Gutes finden („Ja, tu das!") und Schlechtes meiden („Nein, lass das!"). Anders ausgedrückt: Alle unsere Handlungen basieren auf dem Grundprinzip, Gefahren zu minimieren und Belohnungen zu maximieren. Minimale Gefahr, maximaler Lohn – das ist das Organisationsprinzip unseres Gehirns. Diese Bewertung über Gut und Schlecht, Hingehen oder Weggehen übernimmt das limbische System, das unsere Gefühle steuert. Die Funktion des limbischen Systems besteht darin, das zu bewerten, was das Gehirn tut. Diese Bewertung ist für alle Lebewesen notwendig, denn so kann der Organismus schnell reagieren und eine Handlung vorschlagen – dies geschieht schon innerhalb von 200 Millisekunden. Wie ist dies möglich?

Abb. 13: Unser Gehirn hilft uns, blitzschnelle Entscheidungen zu treffen.

Fakten werden zuerst emotional bewertet

Das limbische System bewertet alle einströmenden Informationen danach, was sie für die Person bedeuten – ähnlich einer die Eingänge sortierenden Bibliothekarin. Entscheidend ist, was das limbische System positiv oder negativ anrührt. Selbst Fakten aus den Nachrichten bewerten wir zuerst danach, ob sie für uns neu und wichtig sind oder wichtig sein könnten, weil sie uns vor Unwohlsein warnen oder Wohlbefinden verheißen.

Wir bewerten Fakten emotional: Sind sie neu und wichtig? Weisen sie uns auf etwas hin, wodurch es uns gut geht im Leben oder das uns bedroht?

Alles, was wir bewusst erleben, wird zuvor unbewusst durch unsere Gefühle eingefärbt und dadurch bewertet. In Zahlen: System 1 startet seine Bewertungen schon nach 200 Millisekunden, der Verstand (System 2) stößt nach frühestens 900 Millisekunden dazu. Wenn dies nicht so wäre: Wie sonst könnte unser Gehirn entscheiden, welchen Fakten wir uns beim Lesen einer Tageszeitung zuwenden? Gefühle sind demnach der Motor der Vernunft. Unsere Gefühle entscheiden, was wir wahrnehmen. Schauen wir uns dies genauer an.

Hintergrund der Prinzipien der Bewertung von Informationen sind zwei Systeme: das Belohnungs- und das Bestrafungssystem. Das Bestrafungssystem entscheidet, was wir meiden, weil wir es nicht mögen oder etwas uns nicht guttut. Das Belohnungssystem prüft, ob wir etwas mögen, weil es uns guttut. Beide Systeme lassen sich im Gehirn lokalisieren (vor allem Amygdala und Nucleus Accumbens). Die beiden Systeme sind nicht gleichwertig, denn es ist für das Überleben wichtiger, Gefahren zu meiden als sich um das Wohlergehen zu kümmern.

Das Bestrafungssystem

Das Bestrafungssystem ist sehr alt und bei Gefahren aktiv. Es reagiert blitzschnell in einer Krise oder wenn wir beispielsweise einen abgeschnittenen Finger auf einem Bild sehen. Der Mensch soll schnell reagieren, um einer potenziellen Gefahr zu entkommen. Dies erfolgt unbewusst, weil der Verstand zu lange brauchen würde und die Ergebnisse detaillierter wären als in der Situation erforderlich. Wir sollen also nicht lange sorgfältig analysieren, wenn ein großes Auto auf uns zukommt, sondern stattdessen schnell der Gefahr entkommen und zur Seite springen. Verbinden wir mit einem Unternehmen ein ungutes Gefühl, zum Beispiel Bedrohung durch seine Größe, versuchen wir, ihm aus dem Weg zu gehen. Angst ist ein guter Lehrmeister für alles, was wir nicht tun sollen. Für das, was wir tun sollen, haben wir ein anderes System: Unser Belohnungssystem.

Das Belohnungssystem

Das Belohnungssystem steuert unser Handeln, indem es die Ausführung mit guten Gefühlen durch Ausschüttung von Glückshormonen belohnt. Dieses System sollten Sie daher für Ihre langfristige Bilderwelt ansprechen.

Das Belohnungssystem ist das zentrale System, das wir durch unsere Bilderwelt aktivieren müssen, damit sich die Bezugsgruppen wohlfühlen und uns unterstützen.

Formulieren Sie daher ein einzigartiges Erlebnisversprechen und vermitteln Sie dieses in Bildern. Übertrifft Ihr Unternehmen die Erwartungen Ihrer Bezugsgruppen, lernen diese besonders gut und handeln positiver. Das Erlebnisversprechen ist jenes einzigartige und attraktive Erlebnis, das Bezugsgruppen haben, wenn sie dem Unternehmen begegnen (siehe Kap. E1).

Beide Systeme äußern sich über Affekte. Dies sind einfachste Gefühle, die auf einer Ebene des Gehirns angesiedelt sind, die nur zwischen positiven und negativen Gefühlen unterschiedet. Die positiven Affekte entstehen im Belohnungssystem, die negativen Affekte im Bestrafungssystem. Affekte lassen sich mit der Affektbilanz messen (siehe Kap. H2).

Erfahrungen und Entscheidungen

Wie hängen Belohnungssystem, Bilderwelt und Entscheidungen zusammen? Sollen wir eine Entscheidung treffen, sucht unser psychisches System assoziativ nach vergleichbaren Situationen aus unserem emotionalen Erfahrungsgedächtnis: Kenne ich das Unternehmen? Habe ich so etwas bereits erlebt? Wie habe ich mich gefühlt? Wie habe ich auf andere gewirkt? Mehr noch: Gemeinsam mit der Erfahrung und der emotionalen Bewertung rufen wir auch das einzigartige Profil aus Körperreaktionen ab, das wir bei einer früheren Erfahrung hatten. Findet es eine vergleichbare Situation, löst es blitzschnell und automatisch die damit verbundene Bewertung aus. Motto: Gute Erfahrungen wiederholen, schlechte meiden. Haben Kinder in jungen Jahren ein Unternehmen an einem Tag der offenen Tür oder bei einer Firmenbesichtigung kennengelernt, kann dies nachhaltig in deren Erinnerung bleiben. Wichtig ist daher für die Bilderwelt, die Erfahrungen der Bezugsgruppen (zum Beispiel im Umgang mit dem Unternehmen) zu beachten. Schon die Verbindung eines Unternehmens mit einer bestimmten Branche wie der Pelz- oder Zigarettenindustrie reicht aus, erste kognitive, emotionale und körperliche Bewertungen des neuen Unternehmens vorzunehmen – schnell, unkontrolliert und unbewusst.

Was geschieht, wenn die Bezugsgruppe keine Erfahrungen mit dem Unternehmen gemacht hat? Hier kann das emotionale Erfahrungsgedächtnis an seine Grenze stoßen, indem es verallgemeinert und auf Muster zurückgreift (z.B. „Alle Banken sind profitgierig." und „Alle Manager sind machtbezogen.") Solche Muster helfen aber in der aktuellen Situation oft nicht weiter. Ein Beispiel aus unserer Praxis: Ein Anbieter stellt Hanf-Mode her. Potenzielle Kunden äußerten in Befragungen, dass Hanf-Mode hässlich sei und kratzt. Die erste Kampagne war daher so ausgelegt, dass aus zwei Bildern die Baumwoll-Jeans und die Hanf-Jeans erkannt werden sollten. Dies konnten die Probanden nicht.

Erwartungen

Erfahrungen sind demnach eine wichtige Grundlage von Entscheidungen. Die andere wichtige sind Erwartungen: Was geschieht, wenn ich mich entscheide? Hierfür trifft unser Gehirn Annahmen darüber, wie wir uns im Fall der Entscheidung fühlen (Predictive Mind, Hohwy 2014): Wie werde ich mich fühlen, wenn ich mich bei diesem Unternehmen bewerbe? Wie werde ich mich fühlen, wenn ich dessen Aktien kaufe? Da wir ein soziales Gehirn haben, kann auch relevant sein, wie wir im Fall einer Entscheidung auf andere wirken würden – und uns zum Beispiel bei einem renommierten Unternehmen wie BMW und Porsche bewerben.

Bei bloßen Spekulationen bleibt es nicht: Wir stellen uns das Ergebnis einer Handlung sogar körperlich vor. Der Sozialpsychologe Joachim Bauer konstatiert: „Jedes Mal, wenn eine Handlung geplant oder realisiert wird, treten im Gehirn Nervenzellennetze in Aktion, die registrieren, wie sich ihre Umsetzung in die Tat körperlich anfühlen würde" (2005: 41).

Abb. 14: Bilder können starke Erlebnisse zeigen.

Diese körperliche Simulation soll helfen, uns richtig zu entscheiden. Beispiel: Die Mitarbeitenden eines Unternehmens stellen sich vor, welche Konsequenzen das neue Change-Projekt für sie haben wird und wie sie sich fühlen werden. Gut? Dann unterstütze es! Schlecht? Dann lass es bleiben! Der Hirnforscher Antonio Damasio schreibt, dass solche Vorstellungen keinen zusammenhängenden Film bilden, sondern nur Schlüsselbilder dieser Szenen aufblitzen lassen – wir sehen gleichzeitig Schlüsselelemente in großen Umrissen, ohne Einzelheiten zu erkennen. Für diese Projektion greift unser psychisches System blitzschnell auf Erfahrungen zurück. Weisen diese Erfahrungen mitsamt den emotionalen Bewertungen und gespeicherten Körperzuständen darauf hin, dass die geplante Handlung unangenehme Folgen haben könnte, meiden wir die Handlung. Anhand des Körpergefühls – von Damasio „somatische Marker" genannt – können wir uns erinnern, ob die Begegnung mit diesem Unternehmen angenehm oder unangenehm war. Wir haben unsere Erinnerungen ja mit einem Körpergefühl markiert – mit einem guten Bauchgefühl und Kribbeln oder Anspannung – das sich bei der Erinnerung einstellt. Damasio geht davon aus, dass wir jedes Objekt und jede Situation in unseren Erfahrungen mit Gefühlen und den begleitenden Körperzuständen verknüpfen. Für die Entscheidung bedeutet dies: „Gut gewesen → wiederholen", oder: „Schlecht gewesen → künftig meiden". Dieses automatische Signal ermöglicht uns, aus vielen Unternehmen jenes auszuwählen, das uns am meisten zusagt, weil es am besten zu uns passt. „Das automatische Signal schützt Sie ohne weitere Umstände vor künftigen Verlusten und gestattet Ihnen unter weniger Alternativen zu wählen. Sie haben immer noch Gelegenheit eine Kosten-Nutzen-Analyse durchzuführen und saubere Schlussfolgerungen zu ziehen" (Damasio 1994: 238). Arbeitgeberwechsel? Wir stellen uns vor, wie es wäre, bei der neuen Firma zu arbeiten. Hierbei greifen wir auf frühere Erfahrungen zurück, zu denen auch Bilder vom Unternehmen und seinen Arbeitsplätzen gehören.

Durch Bilder können die Bezugsgruppen Wissen über das Unternehmen abrufen und Gefühle, um zu entscheiden, was sie vom Unternehmen erwarten können. Dies geschieht überwiegend unbewusst.

Erfahrungen: **Rückgriff auf Gespeichertes**	**Erwartungen:** **Spekulationen über Belohnungen**
Kann ich das einordnen? Mit welchen Menschen war ich zusammen?	Wie werde ich mich fühlen?
Habe ich das bereits erlebt?	Wie werde ich auf andere wirken?
Wie habe ich mich dabei gefühlt?	Bewertung anhand von Erfahrungen

Abb. 15: Die Bedeutung von Erfahrungen und Erwartungen für die Bildwirkung.

Umlernen durch emotionale Bilder

Erinnerungen erweitern wir auf Grundlage unserer Erlebnisse stetig. Erinnerungen lassen sich auch neu bewerten und ändern: Eine alte schlechte Erfahrung können wir durch eine neue ersetzen, denn nicht benutzte Nervenverbindungen bilden sich zurück und neue neuronale Verbindungen können ihren Platz übernehmen. Das Neulernen erfolgt umso intensiver, je emotionaler die neue Erfahrung ist. Besonders stark reagiert das Belohnungssystem auf übertroffene Erwartungen.

Neue Erfahrungen können alte überlagern. Je stärker diese neuen Erfahrungen mit guten Gefühlen verbunden sind, desto schneller lernen wir.

Konsequenzen für Ihre Bilderwelt

Ihre Bilderwelt sollte – unter Berücksichtigung der Erfahrungen der Bezugsgruppen – klare Erwartungen an ein einzigartig belohnendes Erlebnis mit Ihrem Unternehmen und seinen Leistungen erzeugen: Was kann die Bezugsgruppe von Ihrem Unternehmen erwarten? Was kann sie nicht erwarten? Gibt es neue Entdeckungen? Existieren gute Beziehungen? Wird das Gefühl von Überlegenheit vermittelt? Diese Erwartungen sollten Sie mit dem Erlebnisversprechen Ihres Unternehmens verbinden, also mit jenem einzigartigen angenehmen Gefühl, das sich bei Ihren Bezugsgruppen einstellt (siehe Kap. E1). Dies kann entscheiden, ob eine Bezugsgruppe ein Anliegen Ihres Unternehmens unterstützt oder nicht. Negative Erfahrungen lassen sich systematisch Schritt für Schritt durch positive ersetzen, zum Beispiel auf einem Event und einem Tag der offenen Tür.

Checkliste: Erfahrungen und Erwartungen Ihrer Bezugsgruppen

- ☐ Welche Erfahrungen haben Ihre Bezugsgruppen mit Ihrem Unternehmen gemacht?
- ☐ Wie haben sie sich gefühlt?
- ☐ Welche anderen Menschen waren beteiligt?
- ☐ Welche Erwartungen haben Ihre Bezugsgruppen an Ihr Unternehmen?
- ☐ Wie werden sie sich fühlen, wenn sie Ihr Unternehmen in seinen Anliegen unterstützen? Warum ist dieses Gefühl einzigartig attraktiv?
- ☐ Wie werden Ihre Bezugsgruppen auf andere wirken, wenn sie Ihr Unternehmen unterstützen?

Fazit

- Anhand von (inneren) Bildern prüft eine Person, ob Sie die Konsequenzen einer bevorstehenden Entscheidung mag oder nicht.
- Für diese Prüfung sind das Belohnungs- und das Bestrafungssystem zuständig.
- Die Prüfung der Erwartungen erfolgt anhand von Erfahrungen, die mit einer Bewertung im emotionalen Erfahrungsgedächtnis gespeichert sind.
- Die Bilderwelt des Unternehmens kann maßgeblich beitragen, Erfahrungen zu schaffen und Erwartungen zu steuern.

D2 BILDER ALS GRUNDLAGE VON ENTSCHEIDUNGEN

Die zwei Systeme der Handlungssteuerung

In unserem Gehirn gibt es zwei völlig unterschiedlich arbeitende Systeme für Informationsaufnahme, Bewertung, Entscheidung und Handlungssteuerung. System 2 prüft anhand von rationalen Argumenten, ob etwas korrekt, logisch, sinnvoll ist. Diesem System ist es egal, wie wir uns dabei fühlen: Der Gang zum Zahnarzt ist sinnvoll, aber sicher mögen ihn die meisten Menschen nicht. System 1 prüft, ob wir etwas mögen. Diese Prüfung erfolgt anhand von Bildern und Geschichten. Im Folgenden verwenden wir die Begriffe „Unbewusstes" und „Verstand". Man kann aber auch – wie Nobelpreisträger Daniel Kahneman – von „System 1" (= Unbewusstes) und „System 2" (= Verstand) sprechen (Kahnemann 2012).

System 2 prüft kritisch

Der Arbeit unseres Verstandes können wir bewusst folgen: Der Verstand prüft kritisch, er vergleicht Zahlen und Fakten, er plant Aufgaben, berechnet Zeitabläufe und schätzt Vor- und Nachteile unseres Handelns ein. Der Verstand erinnert uns an Termine und warnt uns, wenn wir unvernünftig sind und ein Bier zu viel getrunken haben. Der Verstand verarbeitet Informationen seriell, also eine nach der anderen – was wir vom Lesen kennen. Es ist unmöglich, zwei Gedanken gleichzeitig zu haben. Was wir mit unserem Verstand begreifen, können wir durch Sprache ausdrücken. Ein Beispiel wäre: „Ich habe nach reiflicher Überlegung entscheiden, dieses Auto zu kaufen, weil …". Unser Verstand findet vernünftige und logische Argumente für unsere Entscheidungen. Nachteilig ist, dass der Verstand ziemlich langsam arbeitet: Bis er bewertet hat und eine Entscheidung vorschlägt, können Minuten, aber auch Stunden, Tage oder Wochen vergehen. Dies kann zum Problem werden, wenn wir blitzschnell handeln müssen, wenn uns beispielsweise ein großes Auto entgegenkommt.

Der Verstand kann Handlungen steuern, obwohl wir diese nicht mögen, aber tun müssen: zum Zahnarzt gehen, die Steuererklärung ausfüllen oder einen Change-Prozess im Unternehmen unterstützen. Die Bewertung durch das System 2 erfolgt nach Kriterien wie: Was ist sinnvoll, logisch und korrekt? Unsere Sprache liefert dem System 2 rationale Argumente. Wichtig ist, dass der Verstand nur wenige direkte Verbindungen zum Unbewussten hat – umgekehrt jedoch kontrolliert und beeinflusst das Unbewusste die bewussten Ebenen stark. Dieser Einfluss kann massiv sein. Dies erklärt, warum vernünftige Ratschläge und Einsichten allein häufig nicht ausreichen, uns nachhaltig zu beeinflussen, während unsere Gefühle, besonders auch in Form von Stress, Angst und Schmerz, starken Einfluss auf unser Denken und Handeln haben können.

System 1 bewertet Gefallen

Das Unbewusste hat die eine wichtige Aufgabe, uns möglichst sicher und wohlbehalten durchs Leben zu führen. Außerdem behält es stets im Auge, wie wir uns jetzt gerade fühlen. System 1 bewertet nach den Kriterien „mag ich" und „mag ich nicht". Wenn wir etwas mögen, dann tun wir es; wenn wir etwas nicht mögen, lassen wir es bleiben. So kommt es, dass wir sogar dann handeln, wenn unser Verstand ein Veto einlegt, weil etwas unvernünftig ist – wie etwa die dritte Portion Eis.

Mit dem Verstand prüfen wir, ob etwas logisch, richtig und korrekt ist. Mit dem Unbewussten bewerten wir, ob wir etwas mögen oder nicht.

Aus diesen Erkenntnissen lässt sich die Bedeutung von Bilderwelten mit Hirnforscher Ernst Pöppel so zusammenfassen: Nur wer das bildhafte oder episodische Gedächtnis erreicht, kann das Verhalten von Menschen dauerhaft ändern (Pöppel 2008). Grund ist, dass Bilder und Geschichten die Sprache des Unbewussten sind. Das Unbewusste steuert unser Handeln zu 70 bis 95 Prozent. Solche Bilder und Geschichten können ein eigenes Erlebnis sein, sie können aber auch das Erlebnis durch das Unternehmen vermitteln. Die enorme Wirkung von Bildern kommt also dadurch zustande, dass wir System 1 unserer Bezugsgruppen ansprechen. Dieses System entscheidet, ob die Bezugsgruppe uns unterstützt, weil sie positive Konsequenzen erwarten.

Zwei wichtige Konsequenzen ergeben sich hieraus für unsere Corporate Imagery:

1. Erstens lösen Sie durch Ihre Bilderwelt ein einzigartig attraktives Erlebnis bei Ihren Bezugsgruppen aus, damit diese sich für Ihr Unternehmen und dessen Leistungen entscheiden. Sie mögen es und unterstützen es auf ihre Weise. Und Sie liefern auf anderen Kanälen auch rationale Gründe bei wichtigen Entscheidungen, die für die Bezugsgruppen mit einem Risiko verbunden sind (z.B. die Bewerbung eines Stellensuchenden).
2. Zweitens sollten Sie Ihre Marktforschung auf die Exploration von System 1 ausweiten. Warum? Würden Sie eine Person fragen, wie sie Bilder verarbeitet, will dessen System 2 eine vernünftige Antwort liefern; jedoch findet die Bewertung des Gefallens in System 1 statt.

Eine Person kann bewusst Informationen über das Unternehmen wie Umsatzzahlen und Produktnamen abrufen; sie kann uns sagen, ob sie das Unternehmen „irgendwie sympathisch" findet oder nicht, weil ihr dies bewusst zugänglich ist. Die detaillierte Begründung der Gefühle über das Unternehmen könnte sie nicht geben. Für die Erfolgskontrolle im Corporate Imagery Management bedeutet dies, dass es notwendig ist, zusätzliche Methoden und Instrumente zu nutzen (siehe Kap. H2).

D3 BILDER LÖSEN STARKE ERLEBNISSE AUS

Bilder können starke Erlebnisse bei den Bezugsgruppen auslösen. Erlebnisse sind ein Bündel von Gefühlen. Dies sehen wir am Beispiel von Swarovski: Die Steine sind von guter Qualität, sie regen die Fantasie an und sind ein Prestigeobjekt. Alles dies kann der Kunde gleichzeitig erleben. Kunden von Apple erleben, dass sie sich sicher fühlen können, weil die Qualität stimmt. Überlegenheit ist erlebbar, wenn sie eine Hunderte Euro teure Smartwatch am Handgelenk tragen und zeigen, dass sie sich diese Uhr leisten können. Der Aufbau und die gezielte Entwicklung von Erlebnisprofilen sollten daher im Zentrum der Unternehmenskommunikation stehen. Beispiel Ikea: Das Unternehmen bietet gute Qualität zum niedrigen Preis, es hat viele Produktvarianten, die dem Kunden Spaß bereiten und es verschafft ein überlegenes, stolzes Gefühl, ein Billy-Regal allein aufgebaut zu haben. Dieses Prinzip gilt auch für Organisationen, wie zum Beispiel für Vereine: Mitglieder suchen die Aktivität in der Gemeinschaft. Für die Entscheidung sind zwei Dimensionen besonders wichtig:

Je erlebnisreicher Ihre Corporate Imagery ist, desto besser ist es für das Lernen und Handeln: Ihre internen und externen Bezugsgruppen werden die wichtigen Botschaften Ihres Unternehmens dann am besten wahrnehmen, verarbeiten und speichern, wenn Ihre Botschaften starke Gefühle auslösen.

Grundlage des Erlebnisses ist das einzigartig attraktive Erlebnisversprechen, das ein Unternehmen aufgrund seiner besonderen Fähigkeiten erbringt (siehe Kap. E1). Wer einwendet, das Erlebnisversprechen sei nur für Konsumgüter möglich, der irrt: Selbst ein Maschinenbauer kann auf höchst emotionale Werte wie Präzision und Perfektion setzen.
Nur wenn Innovationen positiv belohnend sind oder vor Gefahren und

Checkliste: Beispiel „Innovation"

- ☐ Warum ist dieser Begriff wichtig für die Bezugsgruppe?
- ☐ Welche Menschen sind damit verbunden? Welche Handlungen sind damit verbunden? Welche Orte und Bühnen sind damit verbunden? Menschen möchten sich ein möglichst klares Bild machen, worum es geht.
- ☐ Welche Ziele und Visionen sind damit verbunden?
- ☐ Welches Erlebnis erzeugen sie?

Unwohlsein schützen, beeinflussen sie Handlungen.

Unternehmen sollten ihre Themen viel stärker erlebbar machen. Corporate Imagery bedeutet, das Unternehmen, seine Werte und seine Leistungen zu erleben.

Die beiden Markenexperten Werner Kroeber-Riel und Franz-Rudolf Esch schreiben: „Biete mit Deinem Angebot emotionale Erlebnisse und Erfahrungen, die einen attraktiveren Beitrag zum Lebensstil der Abnehmer leisten als die Konkurrenzangebote" (Kroeber-Riel/Esch 2015: 20). Erfolgreiche Unternehmen wecken vielfältige Gefühle, sie erzählen Geschichten, zeigen wirkungsvolle Bilder, lassen die Bezugsgruppen das Unternehmen hautnah auf Events und Messen erleben und berühren Menschen. Auch klein- und mittelständische Unternehmen werden von ihren Kunden geliebt, von Journalisten geschätzt und von Geldgebern hofiert.

Der Emotionen-Mix

Sinnvoll kann sein, den Emotionen-Mix festzulegen und abzugrenzen. Bestimmen Sie demnach, welche Gefühle relevant sind und gewichten Sie diese. Dies hat folgende Vorteile:

- **Klarheit:** Sie werden sich über die relevanten Gefühle klar, die aus Sicht der Bezugsgruppen mit dem Unternehmen verbunden sind.

- **Umsetzung:** Sie können je nach Maßnahme entscheiden, welche Gefühle Sie ansprechen und in welcher Intensität, zum Beispiel im Internet, im Sponsoring.
- **Dramaturgie:** Priorisierung erleichtert die Dramaturgie von Maßnahmen, wie zum Beispiel einem Event, bei dem das wichtigste Gefühl den Höhepunkt bildet.
- **Langfristige Planung:** Diese wird leichter, denn Sie können dauerhaft Abwechslung schaffen und so das Interesse der Bezugsgruppen wachhalten.

Konsequenzen für Bilderwelten

Diese Erkenntnisse haben für Bilderwelten zwei Konsequenzen:

1. Sie sollten darstellen, welche emotionale Konsequenz eine Information hat: Welche Gefühle löst das neueste Produkt aus: Faszination? Stärke? Sicherheit?
2. Bauen Sie durch Ihre Bilderwelt ein eigenständiges, langfristiges Erlebnisprofil aus einzigartigen positiven Gefühlen auf!

Emotionen und Stimmungen

Oft lautet die Aufgabe für die Unternehmenskommunikation, die Sympathiewerte des Unternehmens zu erhöhen. Bitte beachten Sie: Sympathie ist eine Stimmung. Stimmungen sind ungerichtete Empfindungen. Sie sind schwächer als Emotionen. Zur Gestaltung könnten alle Instrumente dienen, die eine Atmosphäre erzeugen, die positiv auf die Bewertung des Unternehmens durch die Bezugsgruppen wirkt. Ergebnis könnte sein, das Unternehmen „nett" zu finden. Aber: Sympathie ist kaum geeignet, sich eindeutig und dauerhaft gegenüber anderen Unternehmen abzugrenzen. Emotionen sind eindeutig ausgerichtet, wie zum Beispiel Stolz, Angst, Freude, Ärger, Glück, Frische, Behaglichkeit. Bestimmen Sie also sorgfältig jene einzigartigen Gefühle, die die Bezugsgruppen mit Ihrem Unternehmen verbinden sollen. Als Dienstleister könnten Sie Geborgenheit vermitteln, als Anbieter von Kreditkarten Freiheit. Ihr Unternehmen könnte als gemütlich, behaglich, entspannend, erholsam oder heimisch beschrieben werden.

Bilder als eigene Erlebnisse

Zu den faszinierenden Wirkungen von Bilderwelten gehört, dass Betrachter die gezeigten Erlebnisse als eigene Erfahrungen abspeichern können – vorausgesetzt, sie erleben die damit verbundenen Gefühle und Körperreaktionen. Erlebnisse speichert das Gehirn mit dem Wissen darüber ab,

- was geschehen ist (kognitiv),
- welche Sinne beteiligt waren,
- welche Gefühle damit verbunden sind (affektiv),
- wie sich das Erlebnis körperlich angefühlt hat (somatisch).

Wenn es gelingt, Bilder kognitiv, affektiv und somatisch zu vermitteln, können diese Erlebnisse als eigene Erfahrungen gespeichert werden. Das ist sehr sinnvoll, denn so können Menschen aus Erfahrungen anderer lernen, ohne diese selbst machen zu müssen – was besonders bei schlechten Erlebnissen hilfreich ist. Je stärker das Erlebnis, desto höher die Wahrscheinlichkeit, dass wir es speichern.

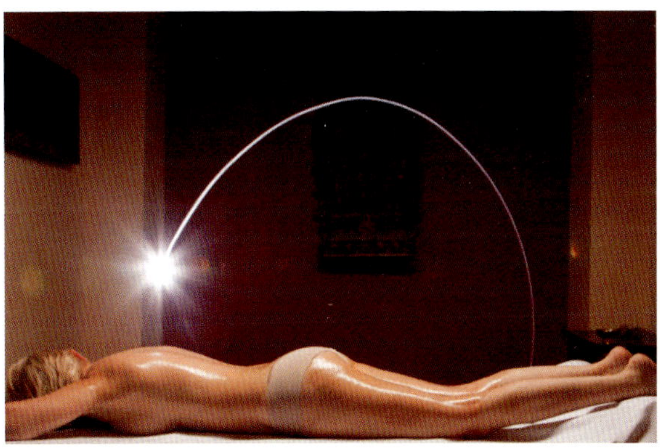

Abb. 16: Der menschliche Körper als Blickfang.

Abb. 17: Sinnlichkeit erlebbar machen.

Abb. 18: Wer schon einmal eine Massage genossen hat, erinnert sich beim Anblick dieses Fotos an seine Erfahrung.

D4 BILDER MOTIVIEREN

Menschen bewerten ein Unternehmen anhand der Bedeutung, die das Unternehmen für ihr Wohlbefinden hat. Die Frage für die Corporate Imagery lautet daher, welche Bedeutung ein Unternehmen für die Bezugsgruppen hat und welche belohnenden Gefühle es auslösen kann, die das Handeln der Bezugsgruppen steuern. Hirnforscher Ernst Pöppel: „Die Sinnessysteme, die Informationen aufnehmen, sind also bereits Filter im Hinblick auf bedeutsame Informationen. Es findet bereits eine [...] informatorische ‚Müllbeseitigung' statt. Es wird nur das zur Kenntnis genommen, was wichtig ist oder was wichtig sein könnte" (2008: 46). Neuerdings ist auch die Rede von „relevantem Content" – doch kaum einer sagt, was das eigentlich ist. Was bedeutet „relevant"? Soviel vorab: Relevant ist aus Sicht des Gehirns das, was uns hilft, zu entscheiden und zu handeln. Schauen wir uns also jene Systeme an, die hierüber entscheiden: unsere Motive. Sie können sie auch persönliche Ziele nennen. Wir bewerten Unternehmen danach, ob und wie stark sie uns helfen, diese zu erfüllen. Nur solche Informationen nehmen wir auf, die für uns und unsere Zielerreichung bedeutsam sind. Für unser Corporate Imagery Management sollten wir daher die Frage klären, welche Ziele Menschen haben und wie unsere Bilderwelt an diese anknüpfen kann.

Die vier Motivsysteme des Menschen

Wir unterscheiden vier Motivsysteme, die das Entscheiden und Handeln von Menschen bestimmen:

- Leistungsmotiv
- Beziehungsmotiv
- Machtmotiv
- Freiheitsmotiv

Das Leistungsmotiv ist der Antrieb, Herausforderungen zu meistern. Das Beziehungsmotiv beinhaltet das Streben nach sozialem Kontakt und geglückten Bindungen. Das Machtmotiv ist der Antrieb, etwas bewegen zu wollen. Das Freiheitsmotiv ist das Bedürfnis nach freiem Selbstsein. Schauen wir uns die vier Motivsysteme genauer an:

Leistung

Menschen mit einem ausgeprägten Leistungsmotiv sind neugierig, sie wollen Dinge erforschen, Neues lernen und ihre Kompetenzen erweitern. Sie vergleichen ihre Leistung gerne mit vorangehenden eigenen Resultaten (innerer Gütemaßstab) oder mit Konkurrenten/Mitspielern (äußerer Gütemaßstab). Es ist ihnen wichtig, dass etwas gelingt. Leistungsmotivierte stellen sich Herausforderungen, bei denen sie sich bewähren können und erfolgreich sind. Anreize bietet das selbstständige Lösen schwieriger Aufgaben, was bei erfolgreicher Bearbeitung Stolz und Zufriedenheit auslöst. Der Leistungstyp meidet Beschämung und Niedergeschlagenheit durch Misserfolg.

Themen im Leistungsmotiv

- Herausforderungen erfolgreich meistern
- Entdeckungen
- Gütemaßstab

Beziehung

Das Beziehungsmotiv steht für den Wunsch nach sozialen Kontakten, neuen Bekanntschaften und Freundschaften – auch beruflich. Motivierend sind Nähe, persönliche Begegnungen und freundschaftliche Beziehungen zu anderen Menschen. Beziehungsmotivierte suchen Geborgenheit, Wärme, Sicherheit, Herzlichkeit und Freundlichkeit. Es ist ihnen besonders wichtig, dass eine gute Stimmung in ihrem Umfeld herrscht.

Themen im Beziehungsmotiv

- Nähe
- Kommunikation
- Harmonie

Abb. 19: Menschen streben danach, gute Beziehungen aufzubauen.

Machtmotiv

Das Machtmotiv steht dafür, etwas bewegen zu wollen, Einfluss auf andere oder auf die Situation auszuüben. Machtmotivierte suchen aktiv nach der Übernahme von Führungsverantwortung und möchten die Richtung in Gruppen vorgeben. Sie lassen sich durch Tätigkeiten motivieren, die mit viel Energie, Durchsetzungskraft und Beharrlichkeit angegangen werden können – auch bei Widrigkeiten.

Themen im Machtmotiv

- Power
- Durchsetzung
- Menschen mitnehmen

Abb. 20: Das Gefühl von Überlegenheit im Machtmotiv.

Freiheit

Das Freiheitsmotiv steht für Unabhängigkeit, Eigenständigkeit, Selbsterkenntnis und Selbstwachstum. Wir fühlen uns frei, wenn wir so sein können, wie wir möchten, unabhängig von inneren und äußeren Zwängen. Beim Freiheitsmotiv geht es im Gegensatz zum Machtmotiv um Freiheit nach innen, also um Selbstentfaltung, während es beim Machtmotiv um nach außen gerichtete Selbstbehauptung geht.

Themen im Freiheitsmotiv

- Selbstbestimmung
- Selbstwachstum
- Selbstvertrauen in die eigenen Fähigkeiten

Abb. 21: Das gute Gefühl von Freiheit.

Jeder Mensch verfügt über alle vier Motivsysteme – allerdings in unterschiedlicher Ausprägung: Wir brauchen gelungene Beziehungen im Leben; wir wollen Neues entdecken und angeregt sein; wir wollen uns durchsetzen, denn sonst dominieren uns andere; wir wollen in unsere eigenen Fähigkeiten vertrauen und frei entscheiden können.

Jeder Mensch verfügt über alle vier Motivsysteme. Wir entscheiden uns für unseren persönlichen Motiv-Mix.

Unternehmenskultur

Die vier Grundmotive bestimmen auch das Denken, Fühlen und Handeln im Unternehmen, also die Unternehmenskultur. Was herrscht vor: Einzelkämpfertum oder Teamgeist? Gleichberechtigte oder einseitige Beziehungen? Herausforderungen meistern oder träge Gelassenheit? Schließt ein Außendienstmitarbeiter einen Vertrag ab, auch wenn er Nachteile für den Kunden hat? Oder berät er ihn umfassend und verzichtet womöglich auf einen Vertrag? Diese Haltungen beeinflussen, wie Ihr Unternehmen mit seinen Bezugsgruppen spricht, ob es auf die Wünsche und Erwartungen seiner Bezugsgruppen eingeht (Kundennähe), ob Ihre Mitarbeiter rechtzeitig und umfassend informiert sind, wie sie mit Konflikten und Kritik umgehen.

Checkliste: Motive Ihres Unternehmens

- ☐ Welche Bedeutung haben Sicherheit, Geborgenheit, Bindung und Fürsorge für Ihr Unternehmen?
- ☐ Welche Bedeutung haben Fantasie, Spaß, Genuss, Kreativität und Individualität für Ihr Unternehmen?
- ☐ Welche Bedeutung haben Macht, Autonomie, Status, Freiheit und Siegeswillen für Ihr Unternehmen?
- ☐ Welche Bedeutung haben Freiheit, Selbstbestimmung, Selbstwachstum?
- ☐ Welcher einzigartige Mix ergibt sich hieraus für Ihr Unternehmen?
- ☐ Welche einzigartigen Belohnungen können Sie aufgrund der Motivkarte Ihres Unternehmens für Ihre Bezugsgruppen anbieten?

Welche Entscheidungen können Sie aus dem Motivsystem für Ihr Corporate Imagery Management ableiten? Sie könnten Ihr Unternehmen und dessen Leistungen so positionieren, dass Ihre Bezugsgruppen ein klares Vorstellungsbild davon entwickeln können, welche Motive sie ansprechen und wie sie zur Befriedigung dieser Motive einzigartig beitragen (Highest Goal Value).

Vorsicht: Positionierungsfalle

Häufig wird der Fehler gemacht, sich zu früh auf ein Motiv zu konzentrieren. Hierdurch geraten die anderen Motive aus dem Blickfeld. Was meinen wir damit? Konzentriert sich ein Unternehmen auf das Machtmotiv, weil es groß und marktführend ist, können dessen Leistungs- oder Beziehungsmotiv unbeachtet bleiben. Die Bezugsgruppen erfahren dann nicht, wie wichtig dem Unternehmen harmonische Beziehungen sind.

Tipps

1. Erstellen Sie eine Analyse aller vier Motive Ihres Unternehmens.
2. Wählen Sie erst dann ein oder zwei Motive aus, mit denen Sie sich im Wettbewerb positionieren.

Was sind die Kriterien für die Auswahl Ihrer Motive?

- Was können Sie am besten, zum Beispiel Beziehungspflege?
- Was will der Kunde, was ist für dessen Entscheidung maßgeblich?
- Was ist schon durch die Konkurrenz besetzt?

Beispiel: Der BMW-Konzern verfügt über alle vier Motive. Er hat jedoch den Fahrspaß (Freiheit) in sein „Schaufenster" gerückt, weil die anderen Motive schon besetzt sind wie Sicherheit (Volvo) und Macht (Audi).

Rolle von Gefühlen

Welche Rolle spielen die Gefühle? Bilderwelten sollen doch emotional sein? Gefühle sind wichtige Signalgeber für Motive:

- Das Beziehungsmotiv ist mit Sicherheit und Geborgenheit verbunden. Stimmt die Beziehung nicht, löst dies Unsicherheit und Einsamkeit aus.
- Das Leistungsmotiv ist mit dem Gefühl der Neugier verbunden sowie mit Aufgeregtsein. Ist das Leistungsmotiv nicht befriedigt, entsteht Langeweile.
- Das Machtmotiv ist mit Siegesgefühl und Überlegenheit verbunden. Ist das Machtmotiv nicht befriedigt, entsteht das Gefühl von Unterlegenheit und Wut.
- Das Freiheitsmotiv ist mit dem Gefühl des Freiseins verbunden. Ist das Motiv nicht befriedigt, entsteht das Gefühl der Fremdbestimmung.

Gefühle entstehen also dadurch, dass die Bilderwelt zeigt, wie ein für die Bezugsgruppen wichtiges Motiv durch das Unternehmen einzigartig befriedigt wird.

Gefühle gehen immer mit Körperreaktionen wie einem wohligen Gefühl im Magen, einem Schauer, der über den Rücken läuft, oder Verspannungen in den Schultern und Angstschweiß einher. Diese Körpersignale oder „somatische Marker" erleichtern den Zugang zu unseren Gefühlen und liefern wertvolle Hinweise zu unseren Motiven.

Fazit

- Die Handlungen von Menschen sind zielorientiert.
- Ziele sind Leistung, Beziehung, Macht und Freiheit.
- Diese Ziele bestimmen auch die Unternehmenskultur, also wie Menschen im Unternehmen gemeinsam denken, fühlen und handeln.
- Corporate Imagery Management sollte an diese Ziele anknüpfen und zeigen, dass Bezugsgruppen ihre Ziele mit dem jeweiligen Unternehmen am besten erreichen können (Highest Goal Value).
- Gefühle sind wichtige Signalgeber: Sie zeigen an, ob eine Person ihre Ziele durch das Unternehmen verwirklichen kann.

E

SCHRITTE ZUR LANGFRISTIGEN BILDERWELT

In diesem Kapitel erfahren Sie:

- wie Sie schrittweise Ihre eigene Bilderwelt aufbauen und kontinuierlich entwickeln können;
- wie Sie die Positionierung Ihres Unternehmens in eine langfristige Bilderwelt umsetzen können;
- was Sie hierbei beachten sollten.

Wir möchten Sie in diesem Kapitel durch die Entwicklung und Umsetzung Ihrer eigenen Bilderwelt führen – sei es als Person, als Unternehmen oder als Organisation (Behörde, NGO etc.).

Checkliste: 10 Schritte zur Entwicklung einer Bilderwelt

1. Erlebnisversprechen formulieren
2. Erlebnisdimensionen ableiten
3. Bezugsgruppen bilden
4. Kernthema für Bilderwelt ableiten
5. Bilderwelten abstimmen
6. Geschichten für Bilder entwickeln
7. Bildmotive ableiten
8. Langfristplan für den Einsatz erstellen
9. Motive in Mittel und Maßnahmen umsetzen
10. Wirkung prüfen

E1 ERLEBNISVERSPRECHEN FORMULIEREN

Bilderwelten sind Ausdruck des Selbstverständnisses eines Unternehmens und damit Teil des Corporate Identity Managements (siehe Kap. A1). Corporate Identity Management ist die Gestaltung des gemeinsamen Selbstverständnisses eines Unternehmens. Die Unternehmenspersönlichkeit besteht aus jenen Merkmalen, die das Unternehmen kennzeichnen, unterscheidbar machen und bei den Bezugsgruppen profilieren. Das Selbstverständnis des Unternehmens ist im Erlebnisversprechen formuliert. Dieses ist jenes einzigartige belohnende Gefühl, das die internen und externen Bezugsgruppen erleben, wenn sie das Anliegen des Unternehmens unterstützen. Dieses Versprechen ist für die Bezugsgruppen bedeutend und belohnend. Das Erlebnisversprechen besteht aus drei Bausteinen:

- Wer sind wir? Sind wir Experten? Spezialisten? Für was?
- Was tun wir? Welche Leistungen erbringen wir für die Menschen?
- Warum können meine Bezugsgruppen ihre Ziele am besten mit uns erreichen? Warum sollten uns Journalisten, Stellensuchende, Kunden etc. anderen Unternehmen vorziehen?

Die Kaffeekette Starbucks ist ein Kaffeeexperte, der die ganze Welt bereist, um uns den besten Kaffeegenuss ins gemütliche Wohnzimmer zu bringen. Das Erlebnisversprechen kann darin bestehen, zu Sicherheit, Bindung und Fürsorge beizutragen, zu Anregung und Wandel oder zu Status und Überlegenheit. Zu den Unternehmen, denen dies besonders gut gelingt, gehören Facebook, Snapchat, TikTok und Zalando. Das Erlebnisversprechen ist einfach und damit leicht zu lernen und gut zu speichern. Es zwingt uns, konsequent in den Motiven unserer Bezugsgruppen zu denken: Was sind deren Ziele? Was treibt sie an? Was suchen sie und was meiden sie? Was macht sie glücklich und zufrieden? Für die interne Koordination bildet das Erlebnisversprechen die Klammer über alle Bilder.

Hier einige Beispiele für Erlebnisversprechen:

- „Als erfahrener Mentor unterstütze und begleite ich Sie mit wissenschaftlich fundierten, praxisbewährten Methoden. Sowohl Unternehmen und Organisationen als auch Einzelpersonen nutzen bestmöglich ihre Potenziale und sind dadurch erfolgreicher."
- „Wir sind der führende Experte für Pneumatik, der seine Kunden durch Weiterentwicklungen auf höchstem technischen Niveau unterstützt, im Wettbewerb überlegen zu sein."
- „Wir sind die Experten für Markenerlebnisse und Kaufimpulse im Retail. Aufgrund unserer hohen Fach-, Methoden- und Sozialkompetenz bieten wir umfangreiche kreative, einzigartige und maßgeschneiderte Lösungen aus einer Hand. Unsere Kunden fühlen sich sicher und überlegen im Wettbewerb."
- „Wir sind Inspektorin Grün, die investigative Plattform gegen Greenwashing. Wir nehmen Nachhaltigkeitsversprechen österreichischer Unternehmen unter die Lupe. Durch sorgfältig recherchierte und niederschwellig aufbereitete Informationen ermächtigen wir Konsument:innen, fundierte, eigenständige Konsumentscheidungen zu treffen."

E2 ERLEBNIS-DIMENSIONEN ABLEITEN

Aus dem Erlebnisversprechen leiten wir Erlebnisdimensionen ab. Dies sind jene Bereiche, in denen uns unsere Bezugsgruppen immer wieder erleben, wie im Fall der Menschen im Unternehmen. Wiederum können wir die Dimensionen als Beleg sehen, warum unser Unternehmen sein Erlebnisversprechen einzigartig erreicht. Nicht ausreichend ist es nämlich, wenn ein Unternehmen behauptet, es sei Experte. Vielmehr sollte es klar und deutlich durch Bilder wahrnehmbar vermitteln, wie sich seine Expertise zeigt und wie es diese weiterentwickelt. Solche Erlebnisdimensionen sind meist:

- **Mitarbeitende:** Sie setzen sich mit aller Kraft dafür ein, das Erlebnisversprechen zu erfüllen, zum Beispiel indem sie noch bessere Produkte schaffen, neue Ideen suchen, nah am Kunden arbeiten und immer bessere Leistung erbringen.
- **Wissen des Unternehmens:** Wo entsteht Wissen? Wie verbreiten die Mitarbeiter ihr Wissen, damit es alle nutzen können? Wo suchen sie die Unterstützung von Experten? Wo trennen sie sich von altem Wissen?
- **Herstellverfahren oder Zutaten:** Spielt der Ort der Herstellung eine Rolle für das Erlebnisversprechen? Kennen Sie die Conche zum Verfeinern der Schokolade bei Lindt? Baut das Unternehmen Rohstoffe unter besonderen lokalen Bedingungen an, zum Beispiel unter besonderen klimatischen Verhältnissen?
- **Netzwerke:** Wo kooperiert das Unternehmen mit anderen? Wie arbeitet das Unternehmen mit Experten? Wie setzen sie gemeinsam das Erlebnisversprechen um?

Abb. 22: Das Wissen des Unternehmens kann eine Erlebnisdimension der Bezugsgruppen sein.

E3 BEZUGSGRUPPEN BILDEN

Aus der Positionierung und dem Erlebnisversprechen leiten Sie wichtige Bezugsgruppen für Ihre Bilderwelt ab, also Mitarbeitende, Kunden, Journalisten etc. Die Bildung solcher Bezugsgruppen ist sinnvoll, wenn folgende Kriterien erfüllt sind:

- **Wichtig für Unternehmensziele:** Die Bezugsgruppen sollten das Erreichen Ihrer Unternehmensziele maßgeblich beeinflussen.
- **Messbar:** Die Bezugsgruppen müssen eindeutig erfassbar und messbar sein, zum Beispiel durch vorhandene Methoden der Marktforschung.
- **Zeitlich stabil:** Bezugsgruppen sollten sich nicht flüchtig bilden und wieder auflösen, sondern für einen längeren Zeitraum stabil bleiben.
- **Erreichbar:** Für die Bezugsgruppen müssen Mittel und Maßnahmen erreichbar sein.
- **Verhaltensrelevant:** Es sollte ein Zusammenhang zwischen den Merkmalen Ihrer Bezugsgruppen und deren Verhalten bestehen.
- **Bezug zur Kommunikation:** Sie sollten Ihre Bezugsgruppen individuell ansprechen können, das heißt sie sollten einheitlicher auf die Unternehmenskommunikation reagieren als die Bevölkerung.
- **Ausreichende Größe:** Die Bezugsgruppen müssen groß genug sein, damit sich die Ansprache ökonomisch rechtfertigen lässt.

Prüfen Sie also genau, an welche Bezugsgruppen Sie sich bei der Vermittlung Ihrer Bilderwelt wenden. Werfen Sie auch einen Blick in die Zukunft, denn Bezugsgruppen, die heute keine große Rolle für Sie spielen, können morgen wichtig sein, wie spezielle Nutzergruppen im Internet.

E4 KERNTHEMA FÜR BILDERWELT ABLEITEN

Die Bilderwelt Ihres Unternehmens sollte einerseits längere Zeit präsent sein – zum anderen sollte sie immer wieder Neues bieten, um interessant zu bleiben. Diese Anforderungen können Schemata (Konzepte) sehr gut lösen.

Abb. 23: Das gesamte Wissen über eine Rose speichern wir als Schema ab.

Ein Teil des Gedächtnisinhalts, das wir bei Schemata abrufen sind Gefühle: Ein Bild der Bergwelt weckt Erinnerungen an eigene Wanderungen, Kindheitserlebnisse und die damit verbundenen Gefühle. Schemata beziehen sich nicht nur auf statische Konstellationen, wie zum Beispiel Bilder, sondern auch auf Handlungen. Dies wird als „Skript" bezeichnet. Beispiele sind der Skisprung oder das Radschlagen. Hier kann ein Reiz das gesamte Skript auslösen – unser Gehirn vervollständigt die Handlung, wenn wir sie gelernt haben. Schemata sind zum Beispiel:

- **Kindchenschema:** Das Kindchenschema ist eines der stärksten Schemata. Dieses umfasst das Verhältnis von Rumpf und großem Kopf, Pausbacken, Kulleraugen, rundliche Körperformen, kurze und dicke Arme und Beine. Auf ein zartes, hilfloses und schutzbedürftiges Baby reagieren wir instinktiv mit Aufmerksamkeit, Zuwendung und Fürsorglichkeit. Typische Beispiele für Bilderwelten mit Kindchenschema aus der Werbung sind Babybilder, Bilder von Kleinkindern, Jungtieren und Comicfiguren wie Micky-Maus.
- **Augenschema:** Unsere Reaktion auf Augen ist ebenfalls angeboren. Augen haben unter den Sinnesorganen eine Sonderstellung, denn sie empfangen nicht nur, sondern sie senden auch: Der Blick ist getrübt, unsere Blicke können „töten", wir schauen jemanden bedrohlich an, wir können sehnsuchtsvoll blicken, zärtlich und liebevoll.
- **Landschaftsschema:** Zum Mittelmeerschema gehören tiefblauer Himmel, Felsenküste, weiße Gebäude und Tempelruinen. Heimische Landschaften bestehen aus blühenden Frühlingswiesen, schattigen Waldlandschaften, klaren Gebirgsquellen, einem leuchtenden Weizenfeld unter strahlend blauem Himmel. Landschaften können zum einen Schlüsselbilder sein und zum anderen als Hintergrund Ihrer Bilderwelt dienen.

Schemata können Eigenschaften Ihres Unternehmens vielfältig und ausdrucksstark transportieren und alle Sinne ansprechen.

Checkliste: Kernfragen für Ihre Bilderwelt

- ☐ Welche sensorischen Erlebnisse erzeugt Ihre Corporate Imagery auf Basis des Erlebnisversprechens?
- ☐ Wie wirken sich diese Erlebnisse auf alle Sinne aus? Welche Sinne sprechen Sie an?
- ☐ Was sehen wir?
- ☐ Was riechen wir?
- ☐ Was schmecken wir?
- ☐ Was ertasten wir?
- ☐ Was hören wir?

Abb. 24: Das Schema der Freundschaft kann Thema einer Bilderwelt sein.

Techniken aus der Werbung

Die Werbung setzt schon seit langem Bilderwelten ein. Die gebräuchlichsten Gestaltungstechniken für Bilderwelten sind:

- **Slice-of-Life:** Sie zeigen zufriedene Bezugsgruppen in typischen Alltagssituationen, wie zum Beispiel Kunden beim Einsatz Ihrer Produkte, Aktionäre, Mitarbeiter etc. Beispiele aus der Werbung sind die Knoppers-Werbung und Check24.
- **Lifestyle:** Mit dieser Technik wird betont, wie gut das Unternehmen zum Lebensstil Ihrer Bezugsgruppen passt, wie die Beispiele des Familiengefühls durch Disney, die Geborgenheit durch Coca-Cola und das italienische Lebensgefühl bei Bertolli zeigen.
- **Stimmungs- oder Gefühlsbilder:** Sie zeigen eine besondere Stimmung und schaffen ein besonderes Gefühlsbild, wie Beispiele aus der Autowerbung und von Energieunternehmen zeigen.
- **Technische Kompetenz:** Sie betonen die Kompetenz und Erfahrung Ihres Unternehmens, wie im Fall von Audi und dem Slogan „Vorsprung durch Technik".
- **Testimonial:** Ihre Unternehmenspersönlichkeit wird von einer glaubwürdigen, sympathischen und kompetenten Person präsentiert wie im Beispiel von Scan Haus Marlow.

- **Schlüsselbilder:** Schlüsselbilder sind jene Motive, die die Kernaussage Ihrer Bilderwelt in komprimierter Form zusammenfassen – sie verkörpern die verdichtete Bilderwelt, den Kern, um den herum Sie Ihre Bilderwelten bauen können. Schlüsselbilder sind wie der sprichwörtliche Schlüssel, der das Tor zu inneren Bildern und Bilderwelten öffnet, wie der Mönch von Alpirsbacher Klosterbräu. Als Schlüsselbilder eignen sich zum Beispiel Symbole, Menschen, Landschaften, Naturelemente, Tiere, Situationen, Ereignisse. Ein interessantes Schlüsselbild ist ein alter Mensch mit weißem Bart, der als Autoritätsperson gilt. Der Weise ist ein sogenannter Archetyp, mit dem Erfahrung, Wissen und Weisheit verbunden sind. Solche Schlüsselbilder verdichten die Bildinformation auf den Kern der Aussage – so ähnlich wie die Überschrift einer Zeitung. Überdies haben Schlüsselbilder den Vorteil, dass sie als Einzelreiz das Entstehen der vollständigen Bilderwelt auslösen können, weil Ihre Bezugsgruppen diese gelernt haben wie im Fall des Segelschiffs bei Becks.
- **Symbole:** Symbole sind Zeichen, die stellvertretend für etwas stehen und somit eine Bedeutung vermitteln. Diese Bedeutung muss entweder allgemein bekannt sein oder Sie müssen diese Bedeutung im Fall Ihrer Bilderwelt als Zeichen der Unternehmenspersönlichkeit durch Ihre Kommunikation vermitteln. Ein Beispiel für den Einsatz von Symbolen als Schlüsselbild beim Aufbau von Bilderwelten ist die Württembergische Lebensversicherung: „Ihr Fels in der Brandung".
- **Analogie:** Analogien verdeutlichen das Sich-Entsprechen, Sich-ähnlich-, Sich-gleich-Sein in bestimmten Verhältnissen (zwischen den beiden Fällen besteht eine Analogie). Beispiele dafür sind: „Wie ein Ameisenhaufen", Wie ein Fußballteam".
- **Metapher:** Metaphern sind ein sprachlicher Ausdruck, bei dem ein Wort aus seinem eigentlichen Bedeutungszusammenhang in einen anderen übertragen wird, ohne dass ein direkter Vergleich die Beziehung zwischen Bezeichnendem und Bezeichnetem verdeutlicht. Einige Beispiele hierfür sind: „Die Kuh vom Eis kriegen" (ein Problem lösen), „Auf einer Erfolgswelle reiten" (über längere Zeit ungewöhnlich viel Erfolg haben), „Drehtür-Effekt" (schneller Wechsel zwischen zwei Zuständen), „Fahrstuhlmannschaft" (steigen häufig auf, aber auch wieder ab).

E5 BILDERWELTEN ABSTIMMEN

Die Images von Marken und Unternehmen können sich in ihrer Wirkung gegenseitig beeinflussen. Beide sollten daher gezielt und systematisch gestaltet sein, um Harmonie zu gewährleisten. Die Abstimmung der Bilderwelten von Unternehmen und Leistungen kann folgende Dimensionen umfassen:

- **Inhaltlich:** Bilderwelten von Unternehmen und Produkten sind thematisch gleich oder ähnlich (zum Beispiel beim Schema Freundschaft oder Neugier). Wenn sie unterschiedlich sind, sollten sie sich keinesfalls widersprechen.
- **Formal:** Gestaltungselemente entsprechen sich in ihrer Form, zum Beispiel durch einheitliche Farbe.
- **Zeitlich:** Der Einsatz der Bilderwelten ist zeitlich abgestimmt, damit nicht ein Markenmanager eine Bilderwelt vermittelt, die ein anderer noch zurückhält, um einen günstigeren Zeitpunkt abzuwarten (zum Beispiel im internationalen Kontext).
- **Instrumentell:** Stellen Sie Ihre Welten aus Unternehmens- und Markenbildern zu einer starken Mischung zusammen, indem sich die Bilderwelten gegenseitig ergänzen.
- **Objekt:** Sie stimmen die Bilderwelten aller Einzelfirmen eines Konzerns und alle Bilderwelten der Marken des Unternehmens aufeinander ab.
- **International:** Stellen Sie sicher, dass die Bilderwelten in Ländern und Regionen aufeinander abgestimmt sind und zum Beispiel lokale Websites im Internet nicht völlig andere Bilderwelten darstellen als die Website des Konzerns.
- **Personell und organisatorisch:** Aus dem gemeinsamen Konzept für Bilderwelten leiten alle Beteiligten ihre Aufgaben und Entscheidungen ab.

- **Bezugsgruppenintegration:** Ihre Bezugsgruppen sind in die Entwicklung Ihrer Bilderwelten eingebunden, zum Beispiel durch Feedbacks im Netz, Tests und Workshops.

E6 GESCHICHTEN FÜR BILDERWELTEN ENTWICKELN

Bilder mit einer guten Geschichte fallen auf, sie halten das Interesse von Bezugsgruppen aufrecht, sie werden tiefer verarbeitet und länger gespeichert. Und: Sie gelten Tests zufolge als glaubwürdiger als Fakten allein. Nutzen Sie daher die enorme Wirkung guter Geschichten für Ihre Bilderwelt, wie es die Werbung mit Fairy Ultra, Raffaello und Bertolli Nudeln schon lange vormacht. Bilder erzählen die Erfolgsgeschichte von der Firmengründung in der Garage zum Börsengang in der Wall Street; andere Bilder zeigen, wie hart Sie für Qualität arbeiten, welche Hindernisse im Weg stehen und wie Sie diese beseitigen. Wir mögen die Geschichten vom Gründer, der seine Vision vom erfolgreichen Unternehmen lebt wie dies Michael Bloomberg vormacht, Geschichten über bahnbrechende Erfindungen wie im Fall von Dyson, erfolgreiche Produkte von Walt Disney und begeisterte Kunden von Zalando, die vor Glück schreien. Durch die Geschichten erfahren wir von den Träumen und Visionen der Firmenlenker, deren Erfolge und Misserfolge, deren Zweifel und Gewissheiten. Wir lernen die Antriebe der Mitarbeiter und Kunden kennen. Jeff Bezos von Amazon erzählt uns seit vielen Jahren Geschichten vom Leadership im digitalen Handel. Larry Page und Sergey Bryn von Google faszinieren mit Geschichten über die Gestaltung von Wissen. Mark Zuckerberg bringt mit Facebook die Welt in einer Gemeinschaft zusammen. Attraktive Unternehmen erzählen spannende und mitreißende Geschichten – wir lieben sie dafür und können nicht genug davon bekommen. Geschichten lösen in uns starke, mitreißende Erlebnisse aus: Wir fiebern mit dem Helden, leiden mit dem Opfer, lachen über den Hofnarren, lieben mit den Liebenden. Geschichten sind mal beruhigend, mal aufregend, mal elektrisierend. Sie bringen ihr Publikum zum Lachen, zum Weinen und zum Schwärmen – denken Sie beispielsweise an die Weihnachtsspots von Edeka.

Wir können Geschichten von erfolgreichem Wandel zeigen, Geschichten von Innovationen und Markterfolgen, Geschichten über Ihre Mitarbeiter und deren Leistungen, Geschichten über begeisterte Kunden. Erzählen Sie, was Sie bewegt, wofür und wogegen Ihre Manager kämpfen. Geschichten erzählen, wie kompetent Sie sind und wie Sie Probleme souverän lösen. Wer hört nicht gern Geschichten aus der digitalen Welt, in der Menschen Videos, Audiofiles und wichtige Tipps austauschen und damit ihr Leben bereichern? Unternehmen erzählen, wie sie hart für die Sicherheit von Daten arbeiten, was dies erschwert und wie sie letztlich doch erfolgreich sind.

Geschichten eignen sich hervorragend, um Mitarbeitern, Journalisten und Geldgebern belegbare Informationen in einer mitreißenden Weise zu zeigen und dadurch starke, einzigartige Erlebnisse zu erzeugen.

Abb. 25: Geschichten über ein Unternehmen, das bewegt.

Techniken für Geschichten in Bildern

Für Geschichten in Bildern können Sie mehrere Techniken nutzen:

- **Narrative:** Sinnstiftende Geschichten wie jene von „Freiheit, Gleichheit, Brüderlichkeit", „Vom Tellerwäscher zum Millionär", „Wohlstand für alle" (Nachkriegsdeutschland), „Wettlauf zum Mond" (Kennedy), „Aufbruch zu neuen Planeten" (Elon Musk und SpaceX).
- **Archetypen** sind Ur-Formen (Schemata) von Figuren, die es in jeder Kultur gibt. Beispiele sind der Weise, der Held, die Fee, der rettende Engel. Der Begriff aus der Tiefenpsychologie geht zurück auf den Psychoanalytiker Carl G. Jung, der damit jene im kollektiven Unbewussten angesiedelten Ur-Bilder menschlicher Vorstellungsmuster bezeichnete. Beispiel Held: Dieser spricht das archetypische Grunderlebnis des Kampfes gegen die eigenen Schwächen und gegen das Böse an – und dies kulturübergreifend. Der Held nimmt Gestalt an im Drachentöter, im Superman, im Cowboy und im erfolgreichen Sportler wie Roger Federer. Solche Archetypen können Sie den Grundmotiven des Menschen zuordnen wie der Weise im Machtmotiv und die fürsorgliche Mutter im Beziehungsmotiv (siehe Kap. F4).
- **Mythen als Urgeschichten:** Richard Branson erzählt den Kampf von David gegen Goliath, wenn seine Virgin Airlines gegen den Branchenführer British Airways kämpft. Vom Wandel zum Guten erzählen die Geschichten von „Phönix aus der Asche", das hässliche Entlein, das zum schönen Schwan wird und der Frosch, der zum Prinzen wird.
- **Die Heldenreise** ist die meistverwendete Erzählform (hier in der 8-stufigen Version von Herbst 2022):
  - Konflikt/Mangel: Die Welt ist aus den Fugen geraten.
  - Der Held zieht aus, um sie wieder in Ordnung zu bringen.
  - Der Held hat Alternativen (in der Wirtschaft lassen sich hier sehr gut die unternehmerischen Strategien erklären und die Auswahl begründen).
  - Der Held hat Hindernisse zu überwinden.
  - Der Helfer naht.
  - Es findet ein Kampf statt.
  - Der Held erringt den Sieg.
  - Es erfolgt die Rückkehr und Belohnung des Helden.

Jede Etappe der Reise können Sie als Motiv für Ihre Bilderwelt verwenden: Das Motiv zeigt beispielsweise den typischen Kunden als Helden und es zeigt das Unternehmen oder dessen Leistungen als Helfer. Es zeigt den Kampf gegen das Problem, zum Beispiel wenn sich das Produkt im Kampf gegen den Missstand am Anfang der Heldenreise bewähren muss.

Weiterlesen

Grundlegendes zu diesem Thema finden Sie in *Storytelling in den Public Relations* von Dieter Georg Herbst sowie in *Storytelling für Journalisten* von Marie Lampert und Rolf Wespe.

E7 BILDMOTIVE ABLEITEN

Welche Motive eignen sich für langfristige Bilderwelten? Ihre Bilderwelt kann im Zusammenhang mit Ihrer Bezugsgruppe stehen, mit Ihren Leistungen oder Ihrem Unternehmen selbst. Die Bilderwelt kann mit einem Motto kombiniert sein, wie im Fall der Württembergischen Lebensversicherung („Ihr Fels in der Brandung") als Ausdruck der soliden, zuverlässigen und vertrauenswürdigen Leistung. Schlüsselbilder für Ihre Bilderwelten finden Sie beispielsweise in folgenden Themenfeldern:

- **Sport:** Bogenschütze, Gewichtheber, Hochspringer, Siegeslauf etc.
- **Natur:** Landschaft, Wasser, Erde, Himmel etc.
- **Nautik:** Wasser, Leuchtturm, Bojen, Quelle, Strömung, Mündung etc.
- **Weltraum:** All, Sterne, Sonne etc.
- **Kultur:** Gemälde, Oper, Konzert etc.

Grundlage der Nutzung von Motiven für Bilderwelten ist, dass sich deren Bedeutung auf das Unternehmen überträgt. Hierbei können Sie ein Motiv wählen, das die gleichen Eigenschaften wie Ihr Unternehmen hat, um diese zu stärken. Sie können Motive nutzen, um bisher wenig beachtete Eigenschaften Ihres Unternehmens hervorzuheben. Ihre Bilderwelt wirkt stärker, wenn das Motiv beziehungsweise das Schlüsselbild gegenständlich und nicht abstrakt ist. Ein Beispiel ist die Bilderwelt von Schwäbisch Hall: „Auf diese Steine können Sie bauen". Abstrakte Zeichen – wie viele Logos – werden nur schwer gelernt und behalten.

Fallbeispiel: O_2

Für den Mobilfunkanbieter O_2 wählte man bei seiner Neufirmierung als aufmerksamkeitsstarken Markennamen das chemische Symbol für Sauerstoff. Nach erfolgreicher Einführungskampagne wurde der Name positiv aufgenommen und die Marke ist mit ihrer Bilderwelt heutzutage fest etabliert. Zur Visualisierung von „O_2" wurde auf ein Motiv aus der Natur zurückgegriffen: Innerhalb einer bläulichen Unterwasserwelt steigen Sauerstoff-Blasen nach oben. In der Regel wird dieses ikonische Schlüsselbild zusammen mit dem Logo kombiniert (siehe Abb. 26). Einzelne Elemente wie der O_2-Farbverlauf oder die „Bubbles" kommen in der gesamten Kommunikation zum Einsatz und sind hervorragende Mittel, um fotografische Bilder zu individualisieren. Sie lassen sich auch zu neuen Schlüsselbildern zusammensetzen. Beispielsweise verdichten sich in Abb. 27 kleine Bubbles netzartig um den Text „5G" zu einer gestaltflexiblen Umform, die als Stillbild und Animation funktioniert. Damit wird Dynamik, Weiterentwicklung und Vernetzung symbolisiert. Auch ohne Logo ist der Absender sofort erkennbar. Der Telekommunikationsanbieter O_2 zeigt gekonnt, dass eine konzeptuelle Klammer und ein adaptierbares Schlüsselbild entscheidend für die Individualisierung und Flexibilität einer wirksamen Bilderwelt sind.

Abb. 26: O_2-Logo mit Group-Bubbles auf Blauverlauf „smoke".

Abb. 27: 5G Visual auf Blauverlauf „light“.

E8 LANGFRISTPLAN FÜR EINSATZ ENTWICKELN

Im letzten Schritt entwickeln Sie einen langfristigen Plan für den Einsatz Ihrer Bilderwelt in Mitteln und Maßnahmen. Hierbei können Sie wie folgt vorgehen: Erstellen Sie einen Zeitstrahl für die nächsten Jahre. Tragen Sie ein, wie Sie den Einsatz Ihrer Bilderwelten variieren wollen. Beschreiben Sie die Entwicklung der Bilderwelt im Zeitverlauf, damit Sie heute schon die Themen und Motive der kommenden Jahre kennen und sich darauf einstellen können. Das heißt: Was zeigen Sie in welchen Schritten? Dieses Vorgehen hat folgende Vorteile: Sie stellen sicher, dass die Bilderwelt entwicklungsfähig ist und Sie nicht eine Bildaussage wählen, die keine zeitliche Entwicklung zulässt. Sie können im Sinn eines Spannungsbogens bestimmen, in welchen Schritten Sie Ihre Bilderwelt entwickeln und an Ihre Bezugsgruppen vermitteln. Hierdurch vermeiden Sie allzu große Sprünge in den Bilderwelten, die Verwirrung auslösen könnten. Viele gute Beispiele zeigen die behutsame Entwicklung von Logos, ohne dass dies zu Wahrnehmungsbrüchen führt – wie im Fall von Michelin, Shell und Mercedes. Den Langfristplan für Ihre Bilderwelt stellen wir Ihnen ausführlich in Kap. H2 vor.

E9 BILDMOTIVE IN MASSNAHMEN UMSETZEN

Wir haben bis jetzt unsere Bezugsgruppen definiert und priorisiert und die Bilderwelt abgeleitet. Dies ist die inhaltliche Seite des Corporate Imagery Managements. Jetzt geht es darum, unsere Bezugsgruppen mit den Bildern über die geeigneten Kanäle zu erreichen.

In der Kanalplanung unterscheiden wir zwischen der persönlichen Kommunikation und der medialen mit Printmedien und digitalen Kanälen.

Welche dieser Kanäle nutzt unsere Bezugsgruppe? Nur einen? Oder alle drei? In welcher Intensität nutzt sie diese? Die Konsequenz ist unsere Kanalstrategie, die formuliert sein kann wie „Schwerpunkt digitale Kanäle, begleitet von persönlicher Kommunikation" (kommt bei jüngeren Bezugsgruppen häufig vor) oder „Schwerpunkt persönliche Kommunikation und Print" (Beispiele finden sich in der internen Kommunikation, wenn die Bedeutung von Change-Prozessen für das Unternehmen erklärt werden muss). Eine hilfreiche Technik für die Gestaltung der Kanäle ist die Customer Journey: Sie zeigt typische Abläufe unserer Bezugsgruppe (Tagesverlauf, Ablauf bei der Suche, Auswahl und Bewertung von Informationen etc.) sowie die darin genutzten Kanäle, Mittel und Maßnahmen.

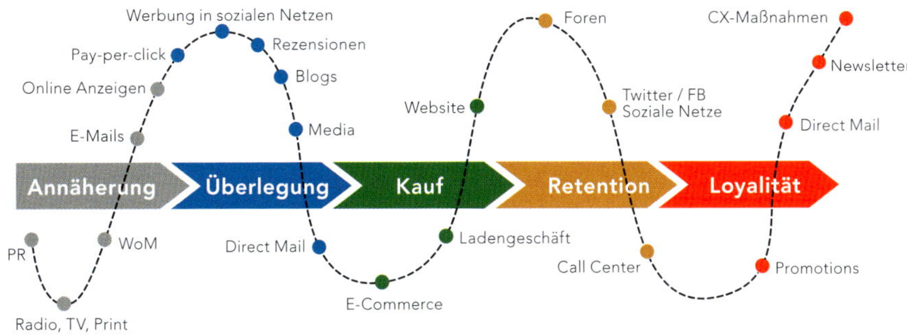

Abb. 28: Beispiel für eine Customer Journey.

Angaben über das Informationsverhalten und die Mediennutzung – auch in anderen Ländern – liefern die Sinus-Milieus (www. sinus-institut. de). Zu den Mitteln und Maßnahmen für den Bildeinsatz gehören Geschäftsberichte, Mailings, Websites, YouTube-Videos, Tweets auf Twitter und Pressekonferenzen. Dieser operative Bildeinsatz wird mittlerweile bereits vielfach in Unternehmen eingesetzt, wir führen es daher in diesem Kapitel nicht weiter aus.

Geltungsbereiche

Grundsätzlich können wir drei Einsatzgebiete für Ihre Unternehmensbilder unterscheiden: die Bilderwelten des Unternehmens, Bilder in Kampagnen, sowie Bilder in Mittel und Maßnahmen:

- **Übergreifende Bilderwelt (Corporate Imagery):** Dies umfasst die vorausschauende, systematische und langfristige Gestaltung des visuellen Auftritts der Organisation. Bilderwelten können über die Organisation informieren, die mit ihr verbundenen Emotionen vermitteln und hierdurch Emotionen bei den Bezugsgruppen auslösen. Das Ergebnis der Corporate Imagery sind innere Bilder, die entstehen, wenn Menschen an die Organisation denken.
- **Kampagnen** beinhalten den zeitlich begrenzten Einsatz von Bildern mit einer gemeinsamen Grundidee. Kampagnen gibt es zum Beispiel zum Service eines Unternehmens oder der politischen Position einer Partei.
- **Mittel und Maßnahmen** enthalten Bilder wie im Fall des Geschäftsberichts.

In der Unternehmenskommunikation erscheinen die Bilder meist nur einmalig und für kurze Zeit, zum Beispiel in der Pressearbeit. Solche Bilder bleiben uns kaum im Gedächtnis, weil sie zu oft wechseln, keine übergeordnete Gestaltungsklammer besitzen und nicht die Positionierung des Unternehmens vermitteln. Selbst in einem Geschäftsbericht gehören die Bilder häufig weder inhaltlich noch formal zusammen. Häufiger Wechsel der Motive verhindert das Lernen derselben.

Checkliste: Einsatz von Bildern in der Unternehmenskommunikation

- ☐ Pressebilder
- ☐ Geschäftsberichte
- ☐ Internet
- ☐ Social Media
- ☐ Intranet
- ☐ Mitarbeiterzeitungen
- ☐ Broschüren
- ☐ Newsletter
- ☐ Power-Point-Folien
- ☐ Hintergrund beim Gespräch mit Journalisten
- ☐ Großes Bild in der Eingangshalle Ihres Unternehmens
- ☐ Einladung
- ☐ Empfang
- ☐ Veranstaltungen
- ☐ Ausgang
- ☐ Geschenkartikel
- ☐ Visitenkarten

E10 WIRKUNG PRÜFEN

Die Erfolgskontrolle soll sicherstellen, dass wir unsere definierten Kommunikationsziele erreichen.

Zeitpunkte der Erfolgskontrolle

Wir können diese zu drei Zeitpunkten durchführen:

- **Pretest:** Ein Pretest bewertet die Bilderwelt, bevor sie nach innen und außen verbreitet wird. Diese Ergebnisse können zum Beispiel später mit den Werten nach der Einführungskampagne verglichen werden. Hierzu stellen Sie möglichst unabhängigen Personen der Bezugsgruppen die Bilderwelt vor und fragen sie nach ihrer Meinung. So können Sie bereits vor der Veröffentlichung der Bilderwelt testen, ob Inhalt und Gestaltung tatsächlich den Wünschen und Erwartungen der Bezugsgruppen entsprechen. Um zuverlässige Ergebnisse zu erhalten, sollten Vertreter aus möglichst allen Bezugsgruppen am Pretest beteiligt sein. Jedem Teilnehmer werden die gleichen Fragen gestellt und deren Antworten und Meinungen sorgfältig notiert und ausgewertet.
- **In-Between-Test:** Die laufende Untersuchung während des Einsatzes Ihrer Bilder beantwortet die Frage, ob die Bilderwelt wie geplant ankommt und ihre Ziele erreichen werden. Durch fortlaufende Prüfung und Kontrolle erkennen Sie Schwachstellen und können Ihr Handeln anpassen. Hierbei helfen Zwischenziele, auch „Meilensteine" genannt, die Sie während einer Aktion oder Kampagne überprüfen können.
- **Posttest:** Ein nachträglicher Test untersucht die Frage, ob die Bilderwelt nach einem Zeitablauf erfolgreich war – zum Beispiel nach einer Kampagne – und was Sie das nächste Mal besser machen können. Vor allem sollten Sie bewerten, ob Sie Ihre Bezugsgruppen mit der Bilderwelt erreicht haben, welche Informationen diese aufgenommen, wie sie diese verarbeitet haben und welche inneren Bilder entstanden sind, beziehungsweise verändert wurden.

Ziel ist die Optimierung der Bilderwelt und das Verringern von Risikos durch begrenzte Feldtests. Ergebnisse können bei Bedarf mit den Werten verglichen werden, die nach einer Kampagne erhoben werden (siehe Posttest).

Vorher

Folgende Fragen sollten durch den Pretest beantwortet werden:
- Wird die Bilderwelt gefallen?
- Wie bewerten die Bezugsgruppen Inhalt und Gestaltung?
- Was lässt sich noch optimieren?

Während

Ziel: Schwachstellen erkennen, um das Handeln flexibel anzupassen. Hilfreich sind formulierte Zwischenziele bzw. definierte Meilensteine.
- Wird die Bilderwelt wie geplant aufgenommen?
- Entwickelt sich das Projekt wie geplant?
- Welche Schwachstellen lassen sich beseitigen?

Nachher

Bewertung nach der Vermittlung oder nach Kommunikationsaktionen. Ziel: Bewertung des Gesamterfolgs.
- Hat die Bilderwelt ihre Ziele erreicht?
- Welche Informationen haben die Bezugsgruppen aufgenommen?
- Welche Emotionen haben die Bezugsgruppen gegenüber der Bilderwelt aufgebaut?

Methoden der Erfolgskontrolle

Mit welchen Methoden können Sie solche Bewertungen durchführen? Hierfür können Sie bereits erschienene Studien heranziehen oder eigene Erkundungen und Tests machen (siehe ausführlich Kap. H2).

Fazit

- Corporate Imagery ist der visuelle Ausdruck des Unternehmens und wird von dessen Erlebnisversprechen abgeleitet.
- Sie steht für die Unternehmenspersönlichkeit, die für die Bezugsgruppen wichtig ist.
- Die Herausforderung bei der Entwicklung von Bilderwelten liegt in der Komplexität von Zeit und Tiefe des Einsatzes.
- Viele wissenschaftliche Erkenntnisse lassen sich nutzen, um wirkungsvolle Motive abzuleiten und an allen Kontaktpunkten mit den Bezugsgruppen einzusetzen.

F

KREATION DER BILDERWELT

In diesem Kapitel erfahren Sie:

- wie Sie kreative Bildideen entwickeln können;
- welche Motive sich für Ihre Bilderwelt besonders eignen;
- wo Sie Ihre Bilderwelt einsetzen können;
- wie Sie vorhandene Bilder optimieren können.

F1 ANFORDERUNGEN

Bilderwelten sollten neuartig und bisher noch nicht veröffentlicht sein, damit sie Aufmerksamkeit und Interesse wecken und einen Erlebniswert bieten. Es gibt etwas Neues und Wichtiges in der Welt. Dies hängt für uns mit dem Begriff der „Kreativität" zusammen:

- **Neuartigkeit:** Die Ideen müssen neuartig und originell sein, d. h. sie weichen vom Standard und von der Norm ab.
- **Nützlichkeit:** Die Ideen müssen angemessen und nützlich für eine Organisation und die Lösung eines Problems sein.

Kreative Bilderwelten sind schöpferische Leistungen, die neu und nützlich sind, weil sie einen Beitrag zur Erlebniswelt der Menschen leisten.

Ergebnis des Kreativprozesses ist die Idee, ein Gedanke, der zur Schöpfung bzw. Erfindung führt. Durch die Weiterentwicklung der Idee wird sie zur Invention bzw. Innovation.

F2 PROZESS

Lange Zeit galt Kreativität als Persönlichkeitseigenschaft. Die heutige Forschung geht zurück auf den Psychologen Graham Wallas (1926) und konstatiert, dass die kreative Lösung Ergebnis eines lang dauernden, oft sogar mehrjährigen Prozesses ist. Dieser Prozess besteht aus fünf Stufen:

Stufe 1: Vorbereitung: Kreativität setzt die Kenntnis der wichtigsten Prinzipien in der Disziplin voraus – um Neues zu schaffen, müssen wir das Bekannte kennen. Kreative Künstler kennen die Werke der Vorgänger und Zeitgenossen, kreative Wissenschaftler müssen die vorhandene Forschung kennen, um zu wissen, was ein neuer und nützlicher Beitrag ist.

Stufe 2: Inkubation: In dieser Phase brütet das Gehirn etwas aus. Dabei arbeitet vor allem System 1: die ablaufenden Prozesse sind also der Person unbewusst und lassen sich nicht beeinflussen – außer den Rahmenbedingungen.

Stufe 3: Einsicht: Uns wird bewusst, dass die Inkubation zu einem Ergebnis geführt hat („Aha-Effekt").

Stufe 4: Bewertung: Die kreative Einsicht wird bewertet, viele Ideen aussortiert. Ein Kriterium ist die Passung zum Unternehmen und zur Bezugsgruppe – wenn die Bilderwelt nicht zur Unternehmenspersönlichkeit passt oder die Bezugsgruppe die Bilderwelt ablehnt, sollte die Idee geprüft werden.

Stufe 5: Ausarbeitung: Von der ersten Idee bis zur fertigen Bilderwelt ist ein weiter Weg zu überwinden. Von Thomas Edison stammt das Zitat: „Genie bedeutet 1 Prozent Inspiration und 99 Prozent Transpiration." Auf dem Weg von der ersten Idee zur fertigen Bilderwelt können sich noch zahlreiche Überraschungen und Änderungen ergeben.

Welche Techniken können den Kreativprozess unterstützen?

F3 KREATIVITÄTS-TECHNIKEN

Der zentrale Weg zur Bild-Kreativität läuft über Assoziationen, also Gedankenverbindungen. Eine einfache und hilfreiche Methode des frei fortgesetzten Assoziierens ist als „Brainstorming" bekannt.

Brainstorming

Das Brainstorming eignet sich zur Entwicklung neuer Produkte und Verpackungen ebenso gut, wie zur Generierung neuer Werbeideen – und natürlich auch zur Entwicklung kreativer Bilderwelten. Im Folgenden werden einige wichtige, bildorientierte Kreativitätstechniken beschrieben. Entscheidend für die kreative Ideenfindung ist, dass es zunächst keine Verbote gibt: Alles ist erlaubt, auch abwegigste Ideen und Gedanken. Brechen Sie Ihre Ideen und Denkprozesse nicht zu früh ab – der kreative Prozess endet nicht mit einer Idee, er beginnt mit ihr. Ziel sollte es sein, über die ersten, naheliegenden Ideen hinwegzukommen und sich von ihnen zu entfernen, um zu tieferen, überraschenderen Ergebnissen zu gelangen. Auch und gerade im Kreativprozess können viele Ideen zur Einzigartigkeit führen.

Tipp

Im ersten Schritt des Brainstormings lassen Sie jedes einzelne Mitglied des Teams erst für sich Ideen finden, danach sammeln Sie gemeinsam. Studien zeigen, dass dies zu kreativeren Leistungen führt.

Assoziationsgesetze

Beim Assoziieren verknüpfen Sie einzelne Gedächtnisinhalte miteinander. Folgende Assoziationsgesetze können Sie nutzen:

- **Assoziationen nach Ähnlichkeit:**
  z.B. sanft – mild, Straße – Weg, Boot – Schiff
- **Assoziationen nach Gegensatz:**
  alt – jung, Junge – Mädchen, Winter – Sommer
- **Assoziationen nach raum-zeitlicher Nähe:**
  Wüste – Kamele, Winter – Schnee, Erfolg – Jubel

Neben diesen basalen, auch „primär" genannten Assoziationsgesetzen lassen sich Assoziationen bilden durch:

- **Vertikale Assoziationen:** Prinzip der Überordnung: Vogel Tier, Hose – Kleidung, Prinzip der Unterordnung: Vogel – Kanarienvogel, Hose – Lederhose
- **Horizontale Assoziationen:** Apfel – Orange, Auto – Zug, See – Meer
- **Assoziationen nach Klang:** rosten – Roastbeef, jugendlich – Jugendstil, Reime: Herz – Schmerz, lecker – Bäcker

Neben diesen Sprachassoziationen gibt es viele Techniken zur Bildassoziation.

Bildassoziationen

Der Weg führt über die Bildassoziation zu bestimmten Attributen und Eigenschaften:

- **Metonyme** (Bilder für abstrakte Begriffe): lässig – Jeans, romantisch – Kerzenlicht, gemütlich – Couch
- **Symbole** (Symbole für Begriffe): stolz – Löwe/Hahn; rein – Einhorn; verliebt – Herz; weiß – Reinheit; gold – Reichtum; grün – Hoffnung

Überdies gibt es nicht-visuelle Assoziationen wie zum Beispiel:

- frühlingshaft – Vogelgezwitscher
- fröhlich – Pfeifen, Kindergeschrei
- sanft – weiche Haut, Berührung
- tropisch – Hitze, Luftfeuchtigkeit

Besonders effektiv bei der Bildkreation ist es, Bilder vor Ihrem inneren Auge entstehen zu lassen. Menschen können solche inneren Bilder in Einzelteile zerlegen und sie neu zusammenfügen. So können Sie bildliche Gedächtnisinhalte wie Formen, Figuren, Musterteile, Objekte etc. beispielsweise miteinander verbinden, aber auch durch Konzentration auf übergeordnete Klassen von Objekten beziehen. Hieraus entstehen neuartige, überraschende, kreative Lösungen und Bildideen.

Im Folgenden stellen wir einige Assoziationstechniken für Bildideen vor.

A-O-Genre

Denken Sie in übergeordneten Kategorien wie „Personen", „Tiere", Pflanzen", „Gegenstände" etc. und suchen Sie über diese Kategorien nach Bildideen zu einem Schlüsselwort. Der Weg verläuft hier über folgende sieben Kategorien:

- Personen und Personenelemente
- Tiere und Tierelemente
- Landschaft und Natur
- Ereignisse, Situationen und Aktivitäten
- Objekte und Materialien
- Pflanzen und Blumen
- Nahrungs- und Genussmittel

Beispiele mit dem Schlüsselwort „wild":

- **Personen:** Punker, Jäger, Kannibale, wilde Augen, sich aufstellende Haare
- **Tiere:** Raubvögel, Tiger, Wolf, Kampfhähne
- **Landschaft:** Wasserfall, Vulkan, Stromschnellen, Blitze
- **Ereignisse:** Rodeoreiten, Schlagzeugspielen, Party, Schlägerei
- **Objekte und Materialien:** Pfeil und Bogen, Stacheldraht, Schnellboote, Mountainbike
- **Pflanzen und Blumen:** Brennnessel, Kakteen, wilde Orchideen, wilde Hecke, Urwald-Lianen
- **Nahrungs- und Genussmittel:** Limonen, Waldpilze, Wildkirschen, Schnaps, rohes Fleisch

Bei diesen Techniken schlagen Sie Brücken vom Wort zum Bild:

- **Symphonie:** Wörter, die dem Schlüsselwort lautlich (phonetisch) ähnlich sind. Beispiel „wild“: im Schilde, im Bilde, der Wilde, wilde Gebilde etc.
- **Jambus:** Reime mit Hilfe des Schlüsselwortes. Beispiel „wild“: gerillt, Schild, Schutzschild, Warnschild etc.
- **Unita:** „Aus zwei mach eins“. Das Schlüsselwort wird vom assoziierten Reaktionswort zum zusammengesetzten Wort ergänzt. Beispiel „wild“: Wildwasser, Wildpferde (Camargue), Wildgänse, Wildreise, Rotwild etc.
- **Phrantasia:** Zum Schlüsselwort werden typische Redensarten, Zitate etc. gesucht. Beispiel „wild“: „Wild in der Jugend bringt im Alter Tugend“, „den wilden Mann markieren“ etc. Bei dieser Technik gelangen Sie über sensorische Bilder zu Bildideen: So kann „exotisch“ mit Hitze verbunden sein, „tropisch“ mit Luftfeuchtigkeit, „idyllisch“ mit Vogelgezwitscher etc.

Multisensorik

Nutzen Sie alle Sinne (Sehen, Hören, Riechen Tasten, Schmecken). Das Beispiel „wild“:

- **Hören:** Tiergebrüll, Geschrei, Musik, Lärm, Klatschen
- **Riechen:** Tropenpflanzen, Rosenduft, Rauchschwaden, Angstschweiß
- **Schmecken:** Beeren, Gegrilltes, Wild
- **Tasten:** wilde Locken, Raubkatze

Farben haben starken Signalcharakter. Sie stehen nicht nur für Bildreize, sondern sie sind auch „visualisierte Gefühle“. Bei der Technik der Farbassoziation suchen Sie Farben, die Sie spontan mit dem Schlüsselwort verbinden. Für das Beispiel „wild“ sind es: ein rotes Gesicht, Feuer, Rost, Glut.

Farbmetaphern

Eine weitere Möglichkeit besteht in Farbmetaphern, zum Beispiel „rotes Tuch“ oder „Rotsehen“.

- **Synonyme:** Wörter, die in ihrer Bedeutung dem Schlüsselwort ähnlich sind. Beispiel „wild": aufgebracht, erregt (wilde Blicke, mit den Füßen stampfen); aufbrausend (Demonstration, Menschenmenge); schäumend (Brandung).
- **Antonyme:** Die umgekehrte Idee. Suchen Sie Gegensätze zum Schlüsselwort. Beispiel „wild": zahm (Schaf); fromm (Nonne, Lamm); mild (Frühling).
- **Bildsymbole:** Bildsymbole, die die Bedeutung des Schlüsselwortes symbolisieren. Beispiel „wild": Stier, Wildpferde, Wildwasser, Naturvölker, raue Oberflächen, Wildschwein.
- **Raum-zeitliche Nähe:** Assoziationen und Bilder in räumlicher und/oder zeitlicher Nähe des Schlüsselwortes. Beispiel „tropisch": Palme, grüne Insel, Regenwald, Tanz, Mexiko, Karibik, Nationalparks.
- **Vertikale Assoziationen:** Nachdem Sie mit den genannten Techniken zu neuen Begriffen und Ideen gelangt sind, suchen Sie übergeordnete Ideenkategorien und konkrete Unterbegriffe, die zu diesen Ideen passen könnten. Beispiel „wild": Lebewesen, Wildtiere, Wildwasser, wilde Bewegungen etc.
- **Fokussierte Assoziationen:** Bei dieser Technik gehen Sie von Einzelteilen aus, die Sie zum Ganzen einer Bildidee führen sollen. Beispiel „wild": Tiger (Tatzen, Krallen, Maul); Stiere (Hörner, Beine, im Sand scharren).
- **Bildanalogien:** Hier geht es um die Verknüpfung von scheinbar nicht zusammenhängenden Elementen, auch „Synektik" genannt. Ein berühmtes Beispiel ist die Erfindung des Hubschraubers von Leonardo da Vinci, der sich von den Flugeigenschaften der Libelle inspirieren ließ. Analogien können Sie über äußerliche (formale) oder funktional ähnliche Gegenstände finden. Beispiel „Bierschaum": Küstenbrandung; „Wasserfontäne": Ölquelle, Geysir, Sekt öffnen; „Rugbyball": Kaffeebohne.
- **Bisoziation:** Bildhafte Vergleiche. Formulieren Sie ein Problem als Frage und wählen Sie willkürlich ein Bild, ein Foto, einen Zeitungsausschnitt. Lassen Sie sich durch genaues Betrachten inspirieren und verbinden Sie dann das Bild mit der Frage. Notieren Sie alle Gedanken, die auftauchen und beurteilen Sie dann die Ideen anhand ihrer Umsetzbarkeit.

Jede Idee ist es wert, aufgeschrieben zu werden.

Visuelle Kreativität

Der Kreativität sind keine Grenzen gesetzt:

- **Bilder zerlegen:** Zerlegen Sie Bilder in Einzelelemente und bauen Sie das Bild real oder vor dem inneren Auge neu zusammen. Nehmen Sie Elemente heraus und suchen Sie weitere Ideen.
- **Verbindungen herstellen:** Mischen Sie möglichst weit auseinanderliegende Stile, Bildelemente, Medien, Szenen.
- **Teilaspekt vergrößern:** vermehren, überzeichnen, verdoppeln, erhöhen, aufstauen, übertreiben.
- **Reduzieren:** schrumpfen, verkleinern.
- **Ins Gegenteil umwandeln:** aus Altem Neues machen.
- **Nach Ähnlichkeiten suchen:** Was ist Ihrer aktuellen Idee ähnlich? Finden Sie Metaphern und Analogien!

Klassische Assoziationstechniken

Folgende Techniken können Sie unterscheiden:

- **Brainstorming** findet in einer Gruppe von 6 bis 8 Teilnehmern mit unterschiedlichen Vorkenntnissen statt. Das Problem ist klar benannt, ein Gruppenmitglied schreibt Ideen mit, alle anderen sagen, was ihnen zum Thema einfällt. Während des Brainstormings gibt es weder Diskussion noch Kritik. Die Ideen anderer Teilnehmer können weiterentwickelt werden. Nach 20 Minuten werden die gesammelten Einfälle ausgewertet und besprochen. Folgende Fragen sollten beantwortet werden: Lässt sich die Idee sofort umsetzen? Wie weit muss die Idee ausgebaut werden? Lässt sich die Idee überhaupt umsetzen?
- **Brainwriting:** Jeder Teilnehmer bekommt ein gleichgroßes Blatt Papier, das Sie in drei vertikale Spalten und sechs horizontale Reihen unterteilen. Jedes Blatt hat 18 Kästchen. Das Problem wird von allen definiert. Jede Person schreibt dann in die erste Reihe pro Kästchen eine Idee und reicht das Blatt an den Nachbarn zur Rechten weiter. Dieser Vorgang wiederholt sich fünfmal (6-3-5-Methode: 6 Personen haben 3 Ideen bei einer 5-maligen Wiederholung). Auch beim Brainwriting gilt: während der Schreibphase nicht diskutieren und kritisieren.

Insgesamt entstehen 90 Lösungen. Sind alle Vorschläge abgegeben, werden die besten, witzigsten, interessantesten Lösungen für alle sichtbar aufgeschrieben und diskutiert.

- **Mind-Mapping:** Diese Technik verbindet sprachliches und bildhaftes Denken auf einfache Weise: Schreiben Sie Stichworte zum Gedachten oder Gehörten auf und ordnen Sie diese Informationen sofort räumlich. Sie erstellen eine Art geistige Landkarte – eine Mind-Map – indem Sie die Begriffe über das Papier ausbreiten. Eine Mind-Map ist nichts anderes als eine organisierte und methodisch strukturierte Sammlung von Schlüsselwörtern. Neben Stichwörtern (möglichst nur Substantive) können Sie auch Symbole und Bilder an die Äste hängen. Ganze Komplexe (Hauptäste, Äste, Nebenäste) können Sie umrahmen. Der Einsatz von Farbstiften erlaubt Ihnen weitere Differenzierungen der Informationen, genauso wie Ziffern, die Prioritäten vermitteln können oder auf Fußnoten verweisen.

Abweichung von der Norm

Wir nehmen jene Informationen aus der Umwelt auf, die neu und wichtig sind. Was wir kennen, dem widmen wir keine oder nur wenig Aufmerksamkeit – das sind die vielen immergleichen Bilder in der Werbung. Ist etwas zu neu, können wir es vielleicht nicht einordnen und meiden es – für viele die moderne Kunst. Maximale Wirkung erzielen Bilder, die an Bekanntes anknüpfen und auch Neues bieten.

Schaffen Sie Neues und erinnern Sie dabei an Bekanntes.

Ein Beispiel aus der internen Kommunikation: Wenn ein Auszubildender das Band für das neue Gebäude zerschneidet und nicht der Firmenchef, wird dies mehr Aufmerksamkeit erzeugen und Interesse wecken.

Hilfreich ist, eine Tabelle zu erstellen, in der Sie in der linken Spalte die Norm eintragen und auf der rechten Seite die Abweichung: Links ist das „typische" Managerfoto, das den Manager im dunklen Anzug mit Schlips und weißen Hemd an seinem leeren Schreibtisch zeigt – in der rechten Spalte können Sie statt dem Anzug einen Rollkragenpullover auflisten. Als Ort der Aufnahme könnte eine Wiese dienen oder ein anderer ungewöhnlicher Ort. Sie können Rubriken in die Tabelle einfügen wie „Kleidung", „Ort", Handlung", „Requisiten" etc.

Individualisierungsstrategien

Aus der Praxis von Unternehmen, die als Beispiele für gelungene Corporate Imagerys gelten, haben wir folgende (typische) Strategien der Individualisierung von Bilderwelten identifiziert – diese beziehen sich maßgeblich auf formale, motivische oder konzeptuelle Formen der Individualisierung. Sie sollen Ihnen als Anregung bei der Entwicklung Ihrer eigenen Bilderwelt dienen.

Formale Individualisierung

Diese Strategien schaffen eine eigene Bilderwelt über die Bildform:

- Verschiedene Grafikelemente, die oft aus dem Markenbild abgeleitet werden – wie Icons, Linien, Texturen, Formen – werden als **In-Bild-Grafiken** vollfarbig oder transparent, auf der Oberfläche oder mit dem Bildmotiv verknüpft genutzt, um Bilder zu individualisieren (z.B. Shell).
- Typische, aus dem Markenbild abgeleitete **Bildumformen** rahmen die Einzelbilder der Bilderwelt und verleihen ihnen eine wiedererkennbare Charakteristik (z.B. das „U" als Quadrat bei Uber).
- Durch prägnante **Bildstilisierung** wird eine hohe Differenzierung und Wiedererkennbarkeit erreicht. Hierbei geht es um die formale Darstellung des Bildes, die von fotorealistisch über grafisch-illustrativ und CGI-gerendert bis hin zu abstrakt-symbolisch reichen kann. Hinzu kommen gestalterische Faktoren, die dem Bild seine Eigentypik verleihen wie Texturierung, Farbraum, Tonalität, Kontrast, Perspektive, Lichtwirkung etc. Prägnante Stile von Unternehmensbildern finden sich etwa bei Congstar (siehe Fallbeispiel in Kap. F5) oder Twitter.

Motivische Individualisierung

Diese Strategien schaffen eine eigene Bilderwelt maßgeblich über den Bildinhalt:

- Die **Abbildung gebrandeter Bildobjekte** ist die gängigste aller Strategien. Die in einer Bilderwelt gezeigten Bildobjekte sind mit den jeweiligen Designelementen des Unternehmens aus dem Corporate Design markiert: Logo, Farbe, Formen und Typografie. Zentrale Bildobjekte stellen beispielsweise Fahrzeuge, Kleidung von Mitarbeitern oder Gebäude dar (siehe Fallbeispiele von DHL und Merck in Kap. F5 bzw. F4).

- Die **Dominanz der Markenfarbe** ist eine Spezialisierung der ersten Motiv-Strategie. Die Verbindung zum Unternehmen erfolgt vor allem über die Markenfarbe innerhalb der Bilderwelt. Hierbei kommt in den Image-Bildern eine Farbe oder eine typische Farbkombination auf zentralen Bildobjekten oder im weiteren Bildumfeld vor wie zum Beispiel das „Orange" der Berliner Verkehrsbetriebe (BVG) und das „Gelb" der Berliner Stadtreinigung (BSR) (siehe Kap. F5).
- Beim **Product-Placement** spielen in der Bilderwelt des Unternehmens Produkte und Verpackungen die zentrale Rolle: Durch professionelles Shooting entstehen beispielsweise Bilder von CEOs, die im dreigestreiften Sportoutfit auftreten (z.B. Adidas), die mit den eigenen Produkten spielen (z.B. Lego) oder von Getränkeverpackungen, die im Zentrum von alltäglichen Lifehacks auf Social Media stehen (siehe Fallbeispiel Oatly in Kap. F5).
- Starke Bildwirkung geht von einer **ungewöhnlichen Bildmotivik** aus. Das ist bei kreativen Kombinationen von Bildobjekten der Fall, die von den Sehgewohnheiten abweichen, wie sie zum Beispiel in der Unternehmenskommunikation von Klarna vorkommt (siehe Kap. C2 und F3).

Konzeptuelle Individualisierung

Diese Strategien schaffen eine eigene Bilderwelt über eine kreative Idee:

- Neben der Integration von Branding-Elementen, gibt es Bilderwelten von Unternehmen, die sich auf **Werbebilder** beziehen: Zum Beispiel greifen Imagebilder des Unternehmens Bildideen aus der Werbung auf – wie im Fall der Schiefertafel aus der Edeka-Werbung oder wie bei RedBull, das „Flügel verleiht".
- Bilderwelten, die auf der **Personifikation** des Unternehmens bzw. seines Corporate Designs (wie Bildmarken oder Markenfiguren) beruhen, wirken vielschichtig: Sie visualisieren das Unternehmen, vermitteln über erlebnisreiches Storytelling dessen Werte und bauen eine starke Bindung zwischen Betrachter und Unternehmen auf (siehe hierzu das Fallbeispiel KFC in Kap. B3).

Heute ist es in der Praxis der visuellen Unternehmenskommunikation weit verbreitet, neben fotografischen Bildtypen (Imagery, siehe Abb. 29) auch grafische Bildtypen (Key Visuals, siehe Abb. 30, Illustrationen, siehe Abb. 32) und ikonografische Bilder (Icons) einzusetzen (siehe Abb. 31) .

Abb. 29: Imagery am Beispiel DHL.

Abb. 30: Key Visual.

Abb. 31: Icons am Beispiel DHL.

Abb. 32: Illustration.

Diese Bildertypen müssen formal, motivisch und konzeptuell kohärent und kompatibel angelegt sein, damit sie innerhalb der Bilderwelt eines Unternehmens wirksam kombiniert werden können.

Fotografisch (Imagery)

Key Visual

Iconography

Illustrationen

Abb. 33: Bildtypen innerhalb der Bilderwelt.

Der Grad der Individualität und damit die vielschichtige Wirksamkeit der Bilderwelt ist dann am höchsten, wenn die drei Strategien der Individualisierung, formal-stilistisch, motivisch-inhaltlich und konzeptuell-übergreifend, gleichzeitig angewandt werden und zusammenwirken (siehe Abb. 34).

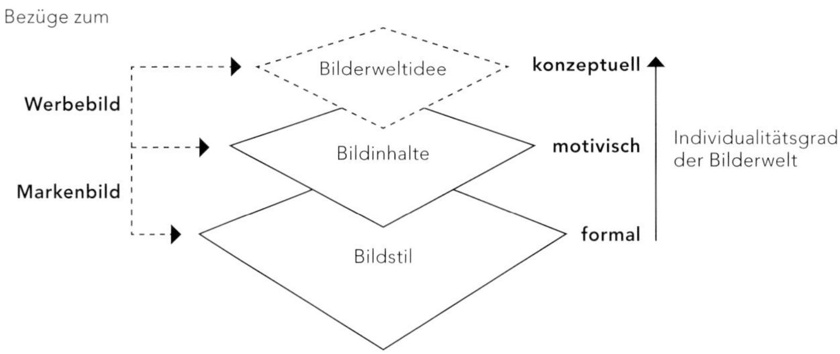

Abb. 34: Individualisierungsstrategien von Bilderwelten.

Zur traurigen Wahrheit gehört, dass der Regelfall im Corporate Imagery Management von Unternehmen der Worst Case ist: keine dieser individualisierenden Strategien wird angewendet. Vielmehr werden – gewissermaßen als Füllmaterial – wenig ästhetische Stockbilder mit generischen Motiven ohne konzeptuelle Klammer in der Unternehmensdarstellung eingesetzt.

F4 WIRKUNGSVOLLE BILDMOTIVE

Erzählleiter

Oft sind Begriffe in der Unternehmenskommunikation abstrakt wie im Fall von Nachhaltigkeit, Klimawandel oder E-Mobility und daher zunächst schwierig für die Umsetzung in einer Bilderwelt. Beispiel Corporate Social Responsibility (CSR): Diese besteht aus Ökonomie, Ökologie und Sozialem. Doch auch diese Begriffe sind noch zu abstrakt, um Klarheit über den Begriff zu schaffen. Ökologie wiederum besteht aus Themen wie Klima, Atmosphäre, Arten, Lebensräume und Ressourcen wie Wasser, Boden, Bodenschätze. Immer noch abstrakt. Ein Weg aus diesem Dilemma ist die „Erzählleiter" der beiden Journalisten Marie Lampert und Rolf Wespe (Lampert/Wespe 2021).

Stellen Sie sich eine Leiter vor. Auf der obersten Sprosse ist ein abstrakter Begriff, den Sie aber brauchen, um Ihr Thema einzuordnen. Steigen Sie nun gedanklich die Leiter herab. Mit jeder Stufe konkretisieren Sie Ihr Thema. Bleiben wir beim Beispiel CSR:

- CSR
- Ökologie, Ökonomie, Soziales
- Soziales: Medizin, Bildung und Gesundheit
- Bildung: Schulische Bildung und Erwachsenenbildung
- Erwachsenenbildung: Kurs in Scrum

Auf der untersten Stufe angekommen, sollte ein bildhafter Begriff stehen – einer, den Sie fotografieren könnten. Grund ist, dass hier das Lernen möglich ist – in unserem Fall wäre dies eine App mit einem Kurs in Scrum.

Die oberste Stufe der Erzählleiter dient der Einordnung des Themas, die unterste Stufe dient dem Lernen und der emotionalen Bewertung.

Weiterlesen

Näheres zur Erzählleiter finden Sie im Buch *Storytelling für Journalisten* von Marie Lampert und Rolf Wespe.

Menschen als Motiv

Menschen haben herausragende Bedeutung für Bilder – sie sind nach der Bildgröße der zweite wichtige Wirkfaktor:

- **Auffallen:** Menschen beachten wir besonders schnell.
- **Aufnehmen:** Wir können sie leicht aufnehmen, denn wir haben in langjähriger Erfahrung gelernt, Menschen schon in einer Sekunde zahlreiche Eigenschaften zuschreiben zu können.
- **Verdichten:** Ein Mensch kann die vielfältigen Facetten von Unternehmen auf Kernelemente verdichten wie die Glaubwürdigkeit von Claus Hipp.
- **Internationaler Einsatz:** Menschen werden weltweit sehr ähnlich bewertet, zum Beispiel deren biologische Schönheit.
- **Vertrauensvoll:** Menschen sind Vertrauensanker. Besonders wichtig ist dies für Dienstleister, deren Service immateriell, also nicht greifbar ist und daher keinen visuellen Vertrauensanker bietet. Das Handeln von Personen wirkt authentischer als anonyme Behauptungen in Unternehmensbroschüren, von denen der Empfänger nicht weiß, ob er sich auf sie verlassen kann.
- **Gefühle auslösen:** Menschen können aufgrund von Spiegelphänomenen besonders gut Gefühle vermitteln und auslösen.

Abb. 35: Menschen sind als Stimmungsmacher durch nichts zu ersetzen.

Spiegelphänomene

Viele Menschen gehen davon aus, dass wir eher passiv sind, wenn es um das Betrachten von Bildern geht. Dies drücken wir aus, wenn wir sagen, dass wir Bilder auf uns wirken lassen. Aber trifft das wirklich zu? Die Antwort lautet: nein. Unser Gehirn ist hochaktiv, wenn wir Bilder anschauen. Wie kommt das?

Durch Spiegelphänomene können Menschen das Denken, Fühlen und Handeln anderer Menschen innerlich reproduzieren, also spiegeln.

Abb. 36: Spiegelphänomene bei Menschen sorgen für starke Erlebnisse.

Hierdurch können wir versuchen, Gedanken und Gefühle des Gegenübers zu verstehen und dessen Handlungen vorherzusagen. Dies geschieht unbewusst und unkontrolliert.

- **Denken, was andere denken:** Menschen können sich in die Gedankenwelt anderer Menschen hineinversetzen (Theory of Mind). Sie mutmaßen, was die andere Person denkt, und erkennen dies in sich selbst, also in eigenen Gefühlen, Bedürfnissen, Ideen, Absichten, Erwartungen und Meinungen. Auf Bildern lässt sich die innere Beteiligung des Betrachtenden (Involvement) erhöhen, indem sie Fragen anregen wie „Was wird der Geschäftsführer als nächstes tun?".

- **Fühlen, was andere fühlen:** Andere Menschen können uns mit ihren Gefühlen anstecken (Social Contagion). Gefühlsansteckung bedeutet, dass die beobachteten Gefühle eigene Spiegelung dieses Gefühls in uns selbst auslösen. Hierdurch wollen wir besser erkennen, wie die andere Person fühlt und ob sie unser Freund oder unser Feind ist. Lachen Menschen in einer Gruppe, lachen andere gerne mit. Ein weiteres „ansteckendes" Spiegelphänomen ist die gemeinsame Aufmerksamkeit von Menschen (Joint Attention). Blickt ein Mensch nach oben, blicken oft auch die anderen Menschen nach oben. Dies können Sie für die Bildgestaltung nutzen, indem eine Person in eine von Ihnen gewünscht Richtung mit einer wichtigen Bildaussage schaut, zum Beispiel auf ein Gebäude oder ein Produkt.
- **Tun, was andere tun:** Menschen können durch andere Menschen Handlungen lernen. Sicher kennen Sie dieses Modell-Lernen, wenn jemand zu Ihnen sagt: „Ich mache es Dir vor und Du machst es mir nach." Hierzu eine Studie: In Harvard ließ ein Team von Wissenschaftlern die Hälfte einer Gruppe von Freiwilligen eine Woche lang am Klavier immer wieder ein einfaches Fingerstück mit der rechten Hand üben. Anschließend bestimmten sie mithilfe von Computertomografien, wie viel von dem für die Bewegung dieser Finger zuständigen motorischen Kortex dabei in Anspruch genommen wurde. „Dabei stellten sie fest, dass das intensive Üben zu einer Vergrößerung der betreffenden Region geführt hatte. Dies war nicht überraschend, weil bereits in anderen Experimenten nachgewiesen worden war, dass das Einüben bestimmter Bewegungsabläufe zu einer solchen Vergrößerung führt. Doch die Wissenschaftler hatten der anderen Hälfte ihrer Studienteilnehmer die Aufgabe gegeben, die Noten nur in ihrer Vorstellung einzuüben. Bei ihnen hatte sich der Gehirnbereich, der die Finger der rechten Hand steuert, genauso vergrößert wie bei den Probanden, die tatsächlich am Klavier gesessen hatten. Allein das gedankliche Spielen hatte also den für diese spezifische Funktion zuständigen Raum im motorischen Kortex wachsen lassen" (Davidson/Begley 2012: 444).

Bilder zeigen uns eine Handlung und wir vollziehen sie gedanklich nach, als würden wir sie selbst ausführen.

Sie können also durch die Bildgestaltung das Denken, Fühlen und Handeln des Betrachters anregen und somit für intensives Verarbeiten und langes Speichern sorgen.

Weiterlesen

Wenn Sie mehr über Spiegelphänomene wissen möchten, empfehlen wir Ihnen das Buch *Warum ich fühle, was Du fühlst. Intuitive Kommunikation und das Geheimnis der Spiegelneuronen* des Sozialpsychologen Joachim Bauer.

Best-Practice-Beispiel: Patagonia

Die Wirkung von Spiegelphänomenen können Sie sehr gut auf der Website von Patagonia erleben: Ein Segel-Kletter-Abenteuer von vier Männern und ihrem Kapitän in Grönland ist dort in fünf Episoden als Videotagebuch dargestellt. Die Videos beziehen den Betrachter gefühlsmäßig in die Episoden ein. Er sieht den Abenteurern zunächst zu und fühlt sich dann, als wäre er direkt unter ihnen: Ohne Wind dümpeln wir gemeinsam mit der Mannschaft auf dem zehn Meter langen Segelboot zwischen Eisschollen umher. Zusammen springen wir mit ihnen in das fünf Grad kalte Meer, können die Kälte beinahe fühlen. Bei der Landung gehen wir gemeinsam die ersten Schritte und schlagen den ersten Haken in eine der unbezwingbaren „Big Walls".

Geeignete Personen

Welche Menschen eignen sich für Bilderwelten von Unternehmen?

- **Personen aus dem Unternehmen:** Der Gründer, der Vorstandsvorsitzende oder ein Manager können die Unternehmenspersönlichkeit transportieren, wie im Fall von Jack Ma von Alibaba, Richard Branson von Virgin und Jeff Bezos von Amazon. Vorteil: Der Gründer oder Vorstand kann glaubwürdig für die Unternehmenspersönlichkeit stehen. Nachteil ist, dass die Bilderwelt des Unternehmens an eine einzige Person gebunden ist, zumal Führungspersönlichkeiten häufig unter Zeitdruck stehen und für Fotoaufnahmen nur selten verfügbar sind.

- **Neutrale Personen:** Eine neutrale Person wie der „Mann von der Hamburg Mannheimer" bietet den Vorteil, dass sie problemlos einsetzbar ist, ohne wichtige Ressourcen zu blockieren. Nachteil: Die Person könnte als „Werbefigur" gelten, weil sie keinen Bezug zum Unternehmen hat.
- **Testimonials:** Prominente können sich in der Kommunikation positiv über das Unternehmen äußern. Testimonials können beliebte Sportler oder Unterhaltungskünstler sein. Der Vorteil ist: Bekanntheit und Image des Prominenten übertragen sich auf das Unternehmen wie im Fall des Tennisstars Roger Federer. Nachteilig ist, dass sich das Unternehmen langfristig an diesen Menschen binden muss, um Konstanz zu zeigen. Weitere Nachteile: Das Image des Prominenten kann sich verschlechtern und sich negativ auf das Unternehmen auswirken. Dies geschieht, wenn der Prominente in einen Skandal verwickelt ist (z.B. Kevin Spacey, der den Renault Espace präsentierte). Krankheit und Tod können den Einsatz von Testimonials ebenfalls beenden.

Abb. 37: Menschen sind als Motiv für Bilderwelten sehr wirksam.

Bilder von den Beziehungen des Unternehmens

Früher wurden die Gesprächspartner von Unternehmen als Zielgruppen bezeichnet. Die moderne Unternehmenskommunikation geht von der systematischen und langfristigen Gestaltung von „Beziehungen" mit Bezugsgruppen aus. Dieses Verständnis wird in Bezeichnungen deutlich wie „Investor Relations", „Employer Relations", „Media Relations" etc.

Beziehungen eines Unternehmens zu seinen wichtigen internen und externen Bezugsgruppen kann Thema der Bilderwelt sein.

Die Frage ist, welche Beziehungen ein Unternehmen zu Bezugsgruppen eingehen kann. Ein Modell, das Bindungsmuster erklären kann, ist die Transaktionsanalyse (TA) des kanadischen Psychiaters Eric Berne (1994).

Transaktionsanalyse

Die Transaktionsanalyse beantwortet die Frage, aus welcher Haltung heraus sich Unternehmen und Bezugsgruppen zueinander verhalten. Zur Beschreibung von Beziehungen unterteilt die TA die Persönlichkeit in drei Ich-Zustände: das Eltern-Ich, das Kind-Ich und das Erwachsenen-Ich.

- **Das Eltern-Ich** umfasst alle Haltungen, Handlungen, Gedanken und Gefühle, die wir von unseren Eltern und anderen Autoritäten erlernt haben, zum Beispiel von Kindergärtnern und Lehrern. Ge- und Verbote haben wir im Eltern-Ich genauso abgelegt wie Fürsorge und Trost, daher unterscheidet die TA das kritische Eltern-Ich und das fürsorgliche Eltern-Ich. Das Eltern-Ich von Unternehmen wird durch die Gründer bestimmt, durch deren Unternehmensziele und Missionen.
- **Das Kind-Ich** enthält alle unsere Erfahrungen, Gefühle, Empfindungen und Bedürfnisse aus der Kindheit, ebenso wie unsere „kindlichen" Bedürfnisse, die wir noch als Erwachsene haben. Zum Beispiel den Wunsch nach einem großen, schnellen und schicken Auto oder einem Computer mit viel Schnickschnack.
- **Das Erwachsenen-Ich** ist der Moderator, der mit unserem Sachverstand und unserer Lebenserfahrung der gereiften Persönlichkeit zwischen unserem Eltern-Ich und unserem Kind-Ich vermittelt. Unser Erwachsenen-Ich handelt im „Hier und Jetzt", seine Handlungen und Entscheidungen ziehen frühere Erfahrungen heran.

Die Transaktionsanalyse fügt eine Perspektive zur Betrachtung von Persönlichkeit hinzu, die auch für die Analyse von Beziehungen in Bilderwelten wichtig ist:

- **Das Eltern-Ich von Unternehmen** und den Menschen darin umfasst zum einen die Ge- und Verbote des Miteinanders, zum anderen die Art und Weise, wie eine Führungskraft ihre Mitarbeiter fördert, damit diese sich weiterentwickeln können. Sie sorgt sich um ihre Mitarbeitenden, sie schützt sie vor Schaden.

- **Das Kind-Ich von Unternehmen** besteht aus deren kindlichen Anteilen, die leben, spielen, lernen und spontan sein wollen – Anteile, die für Intuition, Kreativität und Innovation stehen. Dem Kind-Ich entspricht auch die Suche nach der eigenen Identität, es ist nicht stabil, sondern stark an seinen Bezugsgruppen und dem sozialen Umfeld ausgerichtet. Führungskräfte und Unternehmen führen nicht aus sich heraus, aus dem eigenen Auftrag, den eigenen Grundsätzen heraus, sondern einzig mit Blick auf andere, zum Beispiel den Kunden – Marktforschung spielt hierbei eine essenzielle Rolle. Sie wollen alles für den Kunden tun, aber wissen oft selbst nicht, wer sie eigentlich sind.
- **Das ausgeprägte Erwachsenen-Ich des Unternehmens** ist wichtig für eine gesunde Persönlichkeit: Es moderiert die beiden anderen Ich-Zustände und sorgt dafür, dass deren Transaktionen im Dienste klar prüfbarer Eigenschaften stehen. Agiert das Unternehmen aus dem Erwachsenen-Ich heraus, dann informiert es sachlich, klar, aber nicht appellierend. Um so zu agieren, braucht es das Eltern-Ich oder das Kind-Ich. Das starke, vom Erwachsenen-Ich gesteuerte Unternehmen weiß, was es kann und was gut ist für die Menschen, mit denen es in Beziehung steht. Das Unternehmen weiß, wie es unser Leben bereichern kann. Hierfür hat es mitunter einen Auftrag, die Vision, ein Erlebnisversprechen, das es beharrlich verfolgt. Das starke Unternehmen führt. Es braucht ein gut entwickeltes Erwachsenen-Ich, das die beiden anderen Ich-Zustände im Sinne sachlicher, überprüfbarer Vorgaben steuert.

Weitere Unterscheidungen für Bilderwelten

Um diese Einsichten für Bilderwelten gewinnbringend einzusetzen, ist es hilfreich, die Ich-Zustände weiter zu unterscheiden: Das Eltern-Ich des Unternehmens unterteilt sich in das kritisch-strukturierende und das fürsorgliche Eltern-Ich:

- **Im kritischen Eltern-Ich des Unternehmens** finden sich sämtliche Ausdrucksformen von Kontrolle, wie Ver- und Gebote, Vorurteile, Zurechtweisungen, Normen, Verhaltensregeln. Dieser Zustand kennzeichnet die Haltung des strengen Firmenchefs, der vorgibt, was im Unternehmen erlaubt und was verboten ist.

- **Das fürsorgliche Eltern-Ich des Unternehmens** steht für Unterstützung, Bestärkung, Schutz, Lob und Hilfe. Ein Beispiel hierfür wäre Claus Hipp, Hersteller von Babynahrung, der beste Qualität zum Wohl des Kindes bietet.

  Das Kind-Ich unterteilt sich in das freie und das angepasste Kind-Ich:

- **Das freie Kind-Ich** enthält den ursprünglichsten, natürlichsten Teil einer Persönlichkeit. Kreativität und Intuition sind zwei wesentliche Merkmale des Kind-Ich-Zustands.
- **Das angepasste Kind-Ich** orientiert sich vornehmlich an Erwartungen anderer, stellt die Einhaltung von Regeln, Ge- und Verboten in den Vordergrund. Eine Abwandlung des angepassten Kindes ist das rebellische Kind, das sich über Ärger, Trotz und die Ablehnung gegen alles Vorgegebene ausdrückt. Da es sich dabei ausnahmslos an anderen orientiert, wie es das angepasste Kind auch tut, unterscheidet es sich zwar in seinem Auftreten, nicht jedoch in den Grundzügen seines Verhaltens.

Jeder Ich-Zustand hat Stärken und Schwächen

Wichtig ist, dass es keinen schlechten Ich-Zustand gibt – alle haben ihre positiven und negativen Ausprägungen. Ohne das Verbot des kritischen Eltern-Ichs: „Geh nicht bei Rot über die Straße", wäre manches Kind nicht über das vierte oder fünfte Lebensjahr hinausgekommen.

Aus welchem Ich-Zustand kommuniziert das Unternehmen mit uns? Und welchen spricht es in uns an? Nach dem Blick auf die Ich-Zustände fällt die Antwort auf diese Frage leichter:

- **Unser Eltern-Ich:** Das Unternehmen kann unser Eltern-Ich ansprechen, indem es an unser Gewissen appelliert.
- **Unser Kind-Ich:** Das Unternehmen kann das wilde, experimentierfreudige Kind in uns ansprechen, wenn wir Forscher sind und nach Innovationen suchen.
- **Unser Erwachsenen-Ich:** Das Unternehmen informiert uns über sachlich-funktionale Leistungen.

Folgende Beispiele, in denen die beschriebenen Haltungen des Unternehmens zum Ausdruck kommen, kennen wir aus der Werbung:

- **BMW:** „Freude am Fahren" (freies Kind/freies Kind).
- **Berliner Stadt Reinigung (BSR):** „We kehr for you" (fürsorgliche Eltern/angepasstes Kind)
- **Pro7:** „We love to entertain you" (fürsorgliche Eltern/freies Kind)
  Die Transaktionsanalyse zeigt auch, wie wichtig Glaubwürdigkeit ist: Wie glaubwürdig wirkt ein Manager, der einerseits ständig vorgibt, mit anderen aus dem freien Kind heraus zu kommunizieren, also betont locker, fröhlich und frei auftritt, aber andererseits ständig aus dem kritischen Eltern-Ich heraus redet? Wie lange kann jemand in der Rolle des Freien, Frechen bleiben, wenn er sein anderes, eigentliches Wesen immer unterdrücken muss? Eine Finanzbehörde, die mit dem Slogan „Geiz ist geil" in die Öffentlichkeit ginge, hätte es wohl schwer, als glaubwürdig zu gelten.

Abb. 38: Beziehungen im Unternehmen tragen zum Wohlbefinden der Mitarbeiter bei.

Die Transaktionsanalyse ermöglicht, die grundsätzliche Haltung zu bestimmen, aus der ein Unternehmen Bilder zeigt: Ist es zum Beispiel ein kritischer oder ein fürsorglicher Experte?

Diese Grundhaltung können alle Bilder des Unternehmens verdeutlichen. Überdies ermöglicht die Transaktionsanalyse, die Grundhaltungen der Bezugsgruppen zu beschreiben und mit einem angemessenen Konzept auf diese zu reagieren.

Tiere als Motiv

Tiere eignen sich als Schlüsselbild wie der schlaue Sparfuchs von Schwäbisch Hall oder der Trigema-Affe. Wichtig beim Einsatz von Tieren ist, dass deren Bedeutung im Kontext klar wird – ein Elefant kann gemütlich, stark oder träge sein.

Das Tier muss sympathisch sein und dessen Bedeutung muss für alle Beteiligten eindeutig sein.

Menschen schreiben Tieren bestimmte Merkmale zu und statten sie mit menschenähnlichen Charakterzügen aus, wie zum Beispiel der fleißige Dachs, der schlaue Fuchs, die fleißige Biene, der treue Hund. Solche Grundmotive können Ihnen als Schlüsselbilder dienen, die den Kern Ihrer Unternehmensbotschaft ausmachen. Ihre Bilderwelt könnte ein Tier als Schlüsselbild kennzeichnen, zum Beispiel der Salamander „Lurchi" (Schuhe) oder der Biber von Obi. Aber noch einmal: Das Tier ist lediglich Schlüsselbild und noch keine vollständige Bilderwelt. Deshalb sollten Sie das Schlüsselbild in ein flexibles Szenario stellen, das alle Sinne anspricht und Variation erlaubt.

Architektur als Motiv

Visitenkarten aus Stein – gemeint ist die „Corporate Architecture" – lassen sich ebenfalls als Motiv im Corporate Imagery Management nutzen. Weltweit agierende Konzerne setzen zunehmend darauf, neue Wahrzeichen für sich und ihre Marken zu schaffen. Waren Firmensitze früher häufig als Stadt in der Stadt konzipiert, öffnen sich heute die Unternehmen als inszenierte Orte für Besucher und sind durch alle Sinne erlebbar. Legendär ist das Beispiel des AEG-Hausarchitekten und Generalgestalters Peter Behrens: Er gestaltete mit seinem Team, zu dem Walter Gropius, Mies van der Rohe und Le Corbusier gehörten, nicht nur Produkte, Kataloge und Preislisten für die AEG, sondern auch Ausstellungsräume und sogar Wohnungen für Arbeiter. Sein Glanzstück war eine Montagehalle für die Turbinenfabrik in Berlin-Moabit, die er 1909 schuf und damit Fortschritt demonstrierte. Noch ein Beispiel ist der „Vierzylinder", das Verwaltungsgebäude von BMW in München: Dieses Gebäude stellt in abstrahierter Form die vier Zylinder eines Motors dar.

Weitere Beispiele: Die Volkswagen-Autostadt in Wolfsburg ist ein weiträumiges Gelände, auf dem die Besucher die Welt des Volkswagen-Konzerns erkunden können: Das gläserne Konzern-Forum bietet aufwendige Multimediainszenierungen, das „Zeit-Haus" präsentiert Besuchern die Geschichte des Automobils. Volkswagen hat auch seine gläserne Manufaktur in Dresden: Besucher können sehen, wie Mitarbeiter in weißen Arbeitsanzügen die vorgefertigten Einzelteile montieren. Ungewöhnlich ist der helle Parkettfußboden und das Schuppenlaufband, auf dem der Monteur mitfährt und seine Arbeit erledigt. Die Elektro-Hängebahn bringt die Karosserie für jeden Produktionsschritt in die vorgegebene Position. Zusätzlich zur Fertigung der Limousine gibt es dort die Technikwelt, die aus der virtuellen Fertigung, dem „Kugelhaus", dem virtuellen Fahrerlebnis und dem „Auto-Konfigurator" am größten Touch-Screen der Welt besteht. In den vergangenen Jahren sind viele Einrichtungen entstanden, die zur Marke ein breites Angebot an Wissen und Unterhaltung bieten. Besucher sollen das Unternehmen und seine Marken ganzheitlich erleben und – bei hohem Unterhaltungswert – mehr über sie lernen. Beispiele dafür sind auch das Nivea-Kinderland und das Legoland.

Auch Merck ist ein gutes Beispiel für Corporate Architecture. Der Konzern hat anlässlich der Feierlichkeiten zu seinem 350-jährigen Jubiläum auf dem betriebseigenen Gelände in Darmstadt einen eindrucksvollen Ort geschaffen. Das sogenannte „Vibrant Village" bestand aus vier mobilen Kuppelzelten (siehe Abb. 39). Im gigantischen Hauptzelt „M-Sphere" fanden bis zu 1.700 Gäste und ein 66-köpfiges Orchester Platz. Besucher wurden dort von einer 2.800 Quadratmeter großen Projektionsfläche überrascht, die einzigartige Bilder aus der Geschichte und Gegenwart des Unternehmens darbot. Die Zukunftsvisionen des Unternehmens wurden in einer virtuellen Projektionswelt im nächstkleineren Pavillon, dem „Curiosity Space", gezeigt. Sichtbar waren die geodätischen Bauten des Vibrant Village übrigens auch auf Google Maps. Sie sind ein gutes Beispiel dafür, wie Farben, Formen und Strukturen die Unternehmensarchitektur visuell außen und innen mitbestimmen. Die gesamte Experience folgte dem konzeptuellen Leitmotiv der Lebendigkeit (Vibrance) von Wissenschaft (siehe auch das Fallbeispiel Merck in Kap. F5).

Abb. 39: Das „Vibrant Village" von Merck.

Zwei architektonisch beeindruckende Bauten befinden sich auch auf dem Konzerngelände der sogenannten „World of Sports" von Adidas in Herzogenaurach. Die Gebäude sind nicht nur technisch-funktional, sondern repräsentieren in ihrer Gestaltung auch die DNA des Unternehmens. Als markante Referenzen tauchen sie immer wieder in der Bilderwelt des Sportartikelherstellers mit den drei Streifen auf. Die „Arena" ist das spektakuläre Bürogebäude mit 52.000 qm. Es ist ein netzumspannter Kubus, der auf einer erhöhten Rasenlandschaft gebaut ist. Nicht nur namentlich, sondern auch visuell erinnert dieses Gebäude an ein Fußballstadion oder ein Fußballtor. Der Bau umfasst drei Stockwerke, die alle über die freischwebende Treppe mit 136 Stufen erreichbar sind (siehe Abb. 41). Läuft man diese über ein Jahr täglich hoch und runter, verbrennt man dafür so viel Energie wie bei einem Marathonlauf. Alles dreht sich um Sport. Die Beschriftungen und Dekorationen im Inneren, die zahlreichen Sportmöglichkeiten auf den Ebenen und im Außenbereich, wie z.B. eine Running-Strecke oder ein Skate-Park (siehe Abb. 40). Der Boden im Außenbereich rund um die Arena besteht übrigens aus recycelten Turnschuhen. Neben der Arena steht das Mehrzweckgebäude „Halftime", das Workshop-Räume, einen Veranstaltungssaal und ein Restaurant beherbergt. Die starke visuelle Wirkung dieses Baus entsteht durch seine architektonische Einfachheit und die geometrischen Formen (siehe Abb. 43), zu der auch die riesige Dachkonstruktion in Rautenform beiträgt, die vielleicht ein ferner Verweis auf den bayrischen Standort ist (siehe Abb. 42). Die hellen Räume haben Oberlichter, die von durchgängigen, massiven Streifen aus Beton gerahmt werden (siehe Abb. 44). Für das Gebäude wurde vom Architekturbüro sogar eine eigene Sitzmöglichkeit gestaltet, der „Halftime Chair". Darüber hinaus fließt die geometrische Bildsprache dieses Gebäudes auch in den Look des Schuhes „AM4CO-BE" ein, der ebenfalls – in einer limitierten Auflage für 325 Mitarbeiter – von den Architekten entworfen wurde. In der (Bild-)Welt des Sports von Adidas ist eben nichts unmöglich.

Abb. 40: Skate-Park am Bürogebäude „Arena" von Adidas in Herzogenaurach.

Abb. 41: Die alles verbindende Gebäudetreppe – das Herzstück der „Arena".

Abb. 42: Das rautenförmige Dach des „Halftime"-Gebäudes.

Abb. 43: Formalästhetische Einfachheit des „Halftime"-Gebäudes.

Abb. 44: Betonstreifen über dem Eingangsbereich des „Halftime"-Gebäudes.

Architektur spielt auch in der täglichen Unternehmenskommunikation eine essenzielle Rolle, sei es bei der Auswahl eines Ortes für die Pressekonferenz, für einen Event, das Vorstandsfoto oder als Ort einer Krise (z.B. Brand, Explosion). Ein Beispiel aus der Pressearbeit: Die Journalisten greifen in ihrer Berichterstattung über Unternehmen vor allem auf Motive von Menschen, Logos, Produkten und der Architektur (Frontalansichten, Firmeneingänge oder Eingangshallen etc.) zurück, die den stärksten Bezug zum Unternehmen bieten.

Corporate Architecture bedeutet, die Architektur in einem Unternehmen, beziehungsweise einer Organisation, als Ausdruck der Unternehmenspersönlichkeit zu nutzen. Corporate Architecture umfasst szenografisch gestaltete Gebäude und Räume sowie Ausstellungen, Messeauftritte und Erlebniswelten. Die Bandbreite reicht von temporären Präsentationen auf Messen und Ausstellungen über Shops- und Showrooms bis hin zu Firmengebäuden und Firmenmuseen. Ziel der Corporate Architecture ist es, zur Gestaltung von Bekanntheit und Image eines Unternehmens bzw. einer Organisation beizutragen. Der Aufbau und die Entwicklung von inneren Bildern sind hierbei als Wirkung besonders wichtig.

Abb. 45: Die Architektur kann wichtiger Teil der Bilderwelt sein.

Bedeutungsebenen von Bilderwelten

Bilderwelten sollen gewünschte Bedeutungen über ein Unternehmen vermitteln. Für die Prozesse der Planung, Kreation und Kontrolle kann es hilfreich sein, zwischen drei Abstraktionsebenen der bildbasierten Markenbedeutungen zu unterscheiden:

1. **Auf der Operationsebene** eines Einzelbildes sind konkrete Bedeutungen über das Unternehmen formal und motivisch vermittelt – das Bild wirkt für sich. Es steht in Relation zu weiteren Einzelbildern und zur übergeordneten Bedeutungsebene. Beispiel Oatly: In einzelnen Bildern auf Social Media sind Lifehacks mit Oatly-Verpackungskartons zu sehen, um den alternativen Lifestyle mit haferhaltigen Produkten humoristisch zu veranschaulichen.
2. **Auf der Strategieebene** können bildübergreifende Strategien innerhalb der Bilderwelt umfassendere Teilbedeutungen des Unternehmens kommunizieren – Bündel von Bildern wiederholen und verstärken eine Botschaft. Beispiel Oatly: Der tägliche Lifestyle mit Oatmilk-Produkten erweitert sich zu einer alternativen Lebenshaltung, die strategisch mit dem Postulat der „Post Milk Generation" geklammert ist.
3. **Die Metaebene** bezieht sich auf die tiefenwirksame Gesamtbedeutung des Unternehmens, die sich aus allen Formen und Inhalten der unternehmerischen Bilderwelt verdichtet und diese gleichzeitig beständig reguliert. Alle Bilder der Bilderwelt vermitteln latentes Wissen. Verschiedenste Kommunikationsinhalte lassen sich spannend und variabel vermitteln, ohne den Bezug zum Kern und den Tiefenbedeutungen Ihres Unternehmens zu verlieren. Beispiel Oatly: Alle operativen und strategischen Bedeutungen zahlen darauf ein, dass Oatly als umwelt- und gesundheitsbewusster Lifestyle-Rebell unter den Hafermilch-Getränken wahrgenommen wird, der eine global-gesellschaftliche Berechtigung als Wettbewerbsvorteil hat.

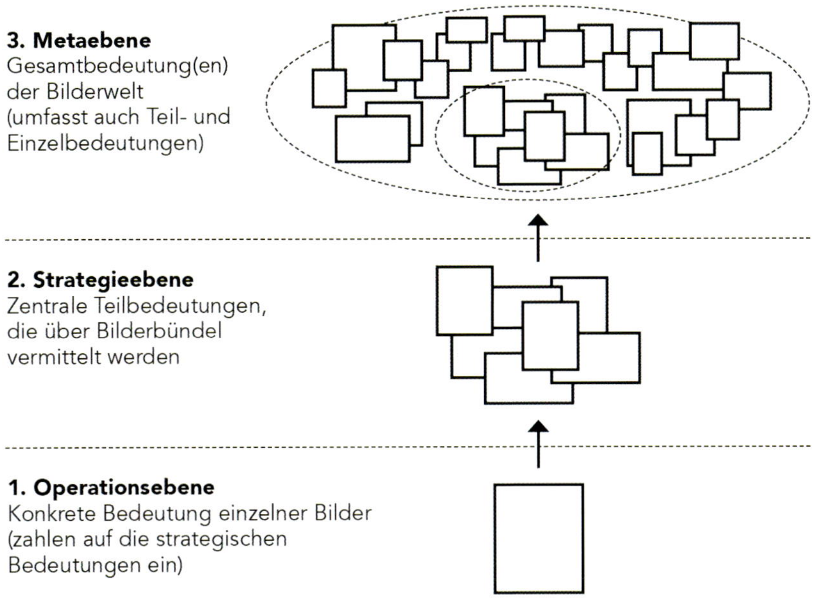

Abb. 46: Zentrale Bedeutungsebenen von Bilderwelten.

Die Berücksichtigung dieser Ebenen im Corporate Imagery Management ermöglicht es, alle Bedeutungen strategisch und systematisch aufeinander zu beziehen und durch inhaltlich-konzeptuelle Verdichtung die Wirksamkeit der Bilderwelt insgesamt zu erhöhen. Überdies gewährleistet ein solches Management von Bedeutungsebenen in der Praxis die flexiblere und variantenreichere Ausgestaltung der visuellen Unternehmenskommunikation, ohne hierbei fehlgeleitete oder widersprüchliche Bedeutungen durch Bilder zu vermitteln.

Weiterlesen

Lesen Sie ausführlich über das Modell des Bedeutungsmanagements im Buch *Visual Person Branding. Eine frame-analytische Betrachtung ikonischer Personenmarken* von Nicholas Qyll (S. 405ff.).

F5 BEST-PRACTICE-BEISPIELE

Die nachfolgenden Fallbeispiele verdeutlichen eindrücklich, worauf es in einem erfolgreichen Corporate Imagery Management ankommt. Ausführlich vorgestellt werden der Hafermilchhersteller Oatly, das Logistikunternehmen DHL, der Wissenschafts- und Technologiekonzern Merck, der Telekommunikationsdienstleister Congstar, die kommunalen Betriebe der Berliner Stadtreinigung (BSR) und der Berliner Verkehrsbetriebe (BVG). Sie alle zeigen, wie Unternehmen auf Basis der eigenen Persönlichkeit und ihres Erscheinungsbildes wirksame, individuelle Bilderwelten aus formaler, motivischer und konzeptueller Sicht erschaffen. Zudem wird deutlich, dass sich für ein effizientes Management von Unternehmensbildern mit unterschiedlichen Stakeholdern heutzutage ein plattformbasierter Ansatz als äußerst sinnvoll erweist.

Oatly: Haferpunks, Oddity und der Lifestyle der „Post Milk Generation"

Oatly ist ein schwedisches Lebensmittelunternehmen mit Sitz in Malmö. Es produziert Hafergetränke und Haferreis und vertreibt seine Produkte in 20 Ländern. Seit seiner Gründung Mitte der 1990er-Jahre ist Oatly von einem unbekannten Hafermilchanbieter zum Global Player der Branche avanciert – Oatly steht heute synonym für Hafermilch. Diese erfolgreiche Entwicklung nimmt 2014 ihren Ausgang, seit der neue CEO Toni Petersson für die Geschicke des Unternehmens verantwortlich zeichnet. Da anfänglich nur ein sehr geringes Mediabudget zur Verfügung stand, musste Oatly einen anderen Weg finden, sich gegen die übergroße Konkurrenz durchzusetzen und Sichtbarkeit auf dem Markt zu erlangen. Das Unternehmen erreichte dies mit Maßnahmen wie der Neupositionierung der Markenpersönlichkeit und dem Relaunch des Markenbildes, in dessen Zentrum das verspielte Packaging-Design steht. Diese kommunikative

Neuausrichtung zieht sich mit hoher Konsequenz durch alle unternehmerischen Kommunikationskanäle.

Übergeordnet ist die Marke Oatly als Lifestyle-Rebell oder Aktivist angelegt. Die Mitarbeiter bezeichnen sich selbst als „unberechenbare und unerbittliche Haferpunks", die sich zwar selbst nicht allzu ernst nehmen, aber ernsthaft gegen die traditionelle Milchindustrie und für ihre Ziele wie Nachhaltigkeit, Gesundheit, Umweltbewusstsein und letztlich für die Rettung des Planeten kämpfen. Oatly steht also nicht bloß für den Konsum von Haferprodukten, sondern möchte einen alternativen, haferbasierten Lifestyle ins Bewusstsein der Öffentlichkeit rücken. Erreicht wird dies durch die kommunikative Positionierung zur „Post Milk Generation": Eine umweltfreundliche Bewegung, die als Marketingmaßnahme begann und sich mittlerweile zu einer globalen Community von engagierten Verbrauchern entfaltete.

Oatlys Werbebotschaften sind stets in einem humorvollen, selbstironischen und furchtlosen Ton gehalten, der besonders bei jüngeren Zielgruppen ankommt. Häufig wird Werbung geschaltet, die sich als solche entlarvt und selbst verspottet – Stichworte: „Nonsensical Advertising" beziehungsweise „Oddvertising". Im Zentrum der werblichen Kommunikation steht das Packaging, das im Grunde wie eine Reklametafel benutzt wird. Auf pastelligen Hintergrundfarben wie blau, rosa, beige im Recycling-Karton-Look werden Displayschriften, Blasenbuchstaben sowie grafische Stencil-Formen, illustrative Figuren (zum Beispiel der CEO) und comicartige Sticker in verspielter Weise kombiniert. Diese Handmade-Ästhetik sorgt für einen natürlichen Charme, der das Produkt selbst wie handgefertigt wirken lässt. Oatly nutzt diesen charakteristischen Markenstil nicht nur in Werbeanzeigen, sondern unter anderem auch auf der Website, im Nachhaltigkeits-Report und in den sozialen Medien. Kombiniert wird dieser auch mit einer fotografischen Bilderwelt, in der die Produktverpackung der Hero bleibt. Formal zeichnen sich die Fotos durch eine leicht ungesättigte Farbigkeit aus, zeigen eine warme Lichtstimmung (sonnig) und nutzen das Stilmittel der Tiefenunschärfe (siehe Abb. 47).

Abb. 47: Oatly-Eisverkauf auf einem Festival – helle Lichtstimmung mit Unschärfeeffekt.

Motivisch werden spannende und minimalistische Bildausschnitte gewählt. In den Abbildungen bleiben Menschen meist anonym, indem die Augenpartie nicht gezeigt wird. Konzeptuell geht es überwiegend um Abbildungen des propagierten haferhaltigen urbanen Lifestyles, in denen die Verpackung essenzieller Teil des Alltages der Menschen ist – dort aber auch dekontextualisiert beziehungsweise defunktionalisiert wird (Lifehack). Beispielsweise wird die Verpackung auf dem Ständer eines Fahrrades transportiert (siehe Abb. 48), durch einen Basketballkorb geworfen oder dem Nachbarn über eine Mauer gereicht.

Abb. 48: Oatly Verpackung auf einem Fahrrad in London.

Sie wird auch direkt in die Kleidung integriert (siehe Abb. 49), als Pflanzentopf genutzt (siehe Abb. 50) oder ist Teil des amerikanischen Brauchs, die Schuhe von den Bäumen hängen zu lassen, weil das Glück bringen soll (siehe Abb. 51).

Abb. 49: Oatly-Verpackung in der Kleidung eines Mädchens.

Abb. 50: Neue Funktion der Oatly-Verpackung als Blumentopf.

Abb. 51: Oatly-Verpackung als Schuhersatz und Glücksbringer im Baum.

Die Bilderwelt stellt auch Bezüge zur „Post Milk Generation" her: So steht der Schriftzug auf einer Leinentasche oder auf Stickern, die im urbanen Raum verteilt werden (siehe Abb. 52).

Abb. 52: Verteilung von Oatly-Stickern zur „Post Milk Generation".

Gerade bei Social Media Posts stehen diese Abbildungen immer in Verbindung mit kämpferischen, witzigen oder provokanten Textaussagen, die auf eine Oddity-Wirkung einzahlen („This tastes like shit!"). Diese wird von strategischer Content Curation unterstützt, wenn inhaltlich völlig losgelöste Bildmotive wie etwa eine Urlaubspalme gezeigt werden („This photo of a palm tree doesn't really have anything to do with it other than providing something nice to look at on this Monday morning"). Innerhalb der Bilderwelt wird die Verpackung aber auch in remediatisierter Form dargestellt – so erhält beispielsweise der Milchkarton, der als Puppe dargestellt ist, eine eigene Sitcom: „The new norm&al show".

Auch CEO Toni Peterssen taucht als regelmäßiges Motiv auf – sowohl auf der Verpackung als auch in der Bilderwelt von Oatly. Hierbei wird er zur Kultfigur stilisiert. Auf dem Schutzdeckel einer Hafereis-Verpackung wird seine Unterschrift als limitierte Edition vermarktet, sein stilisiertes Konterfei als „Mitarbeiter des Monats" auf dem Milchkarton abgedruckt oder ein privates Foto von ihm veröffentlicht: „Tatsächlich tut er alles, was er kann, um nicht im Rampenlicht zu stehen, und das ist genau der Grund, warum wir sein Gesicht gerne auf unseren Verpackungen zeigen. Schließlich ist Toni der CEO eines Unternehmens, das von sich behauptet, furchtlos zu sein. Was könnte also furchtloser sein, als genau das zu tun, was der CEO einem verbietet?"

Oatly ist ein sehr gutes Beispiel für eine gelungene Corporate Imagery: Das Unternehmen schafft die Integration beider Bilderwelten: der comicartigen Packaging-Welt und der fotografischen Lifestyle-Abbildungen. Die starke Persönlichkeit der Marke zieht sich durch die werbliche und die unternehmerische Bildkommunikation. Gebunden wird das Ganze durch eine starke konzeptuelle Klammer (Meta-/Strategieebene), die Flexibilität bei der Wahl der Bildinhalte erlaubt. Die Wiedererkennbarkeit wird durch stilistische Elemente unterstützt, erfolgt aber in erster Linie durch die Oddity-Wirkung. Im Englischen hört sich „Oatly" übrigens phonetisch fast wie „oddly" (seltsam) an. In allen Ausprägungen der Bilderwelt schwingen die übergeordneten Werte wie Umweltschutz, Gesundheit und Nachhaltigkeit mit. Einleuchtend dürfte sein, dass Oatlys Erfolg mit der einzigartigen Bilderwelt zusammenhängt, die sich aus seiner starken Markenpersönlichkeit ergibt.

DHL: Professionelles Corporate Imagery Management

DHL ist Teil des weltweit führenden Logistikkonzerns Deutsche Post DHL Group mit Hauptsitz in Bonn. Mit seinen Divisionen bietet DHL ein einzigartiges Logistikportfolio – von der nationalen und internationalen Paketzustellung über Transport- und Fulfillment-Lösungen im E-Commerce, den internationalen Expressversand sowie Straßen-, Luft- und Seefrachttransport bis zum Supply-Chain-Management.

DHL setzt als Unternehmen auf mutige Ideen, die die eigenen Kunden erfolgreicher machen. Diese kundenzentrierte Ausrichtung spiegelt sich in den unternehmenseigenen Werten wider: DHL steht dafür, das Leben der Menschen zu vereinfachen (Simplifying), bei allen Aktivitäten den nachhaltigen Kundennutzen im Blick zu halten (sustainable), weltweit vor Ort für die Kunden da zu sein (globally local) und sich so um die Waren der Kunden zu kümmern, als wären sie die eigenen (committed). DHLs Markenpersönlichkeit lässt sich über die Charaktereigenschaften innovativ und fachkundig, optimistisch und mutig, verantwortungsbewusst und empathisch zusammenfassen.

Das visuelle Erscheinungsbild des Unternehmens wird durch einzigartige Design-Elemente bestimmt, die für Unverwechselbarkeit und leichte Wiedererkennbarkeit sorgen. Hierzu gehören die typische Farbkombination aus DHL-Rot und Postgelb, der Postgelb-Verlauf (Gradient), der Claim „Excellence. Simply delivered.", das DHL-Logo und die Hausschrift mit dem bezeichnenden Namen „Delivery". DHL weiß, dass eine wirkungsvolle Bilderwelt an jedem Kontaktpunkt unverzichtbar ist: „Imagery brings our brand to life – it portrays our personality and evokes emotion." Eingesetzt werden neben fotografischen Bildern (Imagery), auch grafische Schlüsselbilder (Key Visuals), Illustrationen und Icons (siehe Kap. F3). Der Bildstil, den DHL „Focus on you" nennt, leitet sich aus der Tonalität der Markenpersönlichkeit ab. Bilder sollen demnach hell (warmes Licht, leicht ungesättigt), fokussiert (ungewohnte Bildperspektiven, geblurrte Vorder- bzw. Hintergründe im sog. „Bokeh"-Effekt – von jap. „unscharf") und energiegeladen (lebhafte Farbkontraste) sein. Als zentrales Motiv konzentriert sich die Bilderwelt auf Menschen in realen Situationen (Mitarbeiter und Kunden). Diese sollen aktiv, engagiert, sozial, freundlich und offen wirken.

Innerhalb der Bilderwelt sind beispielsweise folgende Motive typisch, die in vielen Variationen eingesetzt werden: Die weltweite Zustellung der Ware (siehe Abb. 53), die Umweltfreundlichkeit der Flotte (siehe Abb. 54), die Nutzung von Technik (siehe Abb. 55), das Teamwork der Zusteller (siehe Abb. 56), die Zusammenarbeit zwischen internen Mitarbeitenden (siehe Abb. 57) und die Freude der Kunden (siehe Abb. 58).

Abb. 53: Weltweite Zustellung durch DHL – auch an exotischen Orten.

Abb. 54: Umweltfreundliches DHL-Fahrzeug vor Windrädern.

Abb. 55: Nutzer mit VR-Brille und DHL-Lanyard.

Abb. 56: Freundliches Gespräch unter DHL-Zustellern.

Abb. 57: DHL-Mitarbeiter im Meeting mit Screen, Lanyard und Kladde.

Abb. 58: Lachendes Mädchen mit DHL-Paket.

Die Inhalte, Themen und Motive der Bilderwelt variieren stark. Eine konsequente Anwendung des Bildstils und die Abbildung charakteristischer Design-Elemente stellen jedoch sicher, dass das Unternehmen in allen Medien erkennbar bleibt. Neben der Wiedererkennbarkeit sorgt das Bildkonzept dafür, dass gewünschte Bedeutungen und Werte vermittelt werden und die einzelnen Bilder die Betrachter emotionalisieren.

DHL stellt mit Blick auf ihre wirksame Corporate Imagery einen Best Case dar: Für das Management seines Auftritts nutzt der Konzern ein professionelles Brand Hub, auf dem alle wichtigen Informationen über die Marke zugänglich sind. Neben detaillierten Bestimmungen der Markenidentität und typischen Design-Elementen wie Farben, Logo, Schriften, Typografie etc. findet man dort auch ausführliche Richtlinien zur Bilderwelt (z.B. Bildsprache, Komposition, Perspektive, Farbe, Licht), Bildbeispiele und Asset Downloads spezifischer Bildtypen. Zudem kann dort der Layout Creator genutzt werden: ein AI-basiertes Tool, das den Gestaltungsprozess mit einer schier unendlichen Menge an Layout-Varianten unterstützt. Es befähigt die Mitarbeitenden einfach zu hochwertigen Layouts zu gelangen, die stets „on brand" sind. Gerade für einen weltweit agierenden Konzern ermöglicht es diese fortschrittliche Plattform, gleichzeitig mit zahlreichen Stakeholdern effizient und zielführend zusammenzuarbeiten. Die Gefahr wird dadurch minimiert, dass visuelle oder konzeptuelle Brüche in der Corporate Imagery entstehen. Ein so umfangreiches Brand Hub aufzubauen, zu pflegen und zu aktualisieren erfordert Ressourcen wie Zeit, Geld und Personal. Doch heutzutage stellt es für ein globales Unternehmen wie DHL die einzige, sinnvolle Möglichkeit dar, das eigene Corporate Imagery effizient zu managen.

Merck: Vibrance – die bunte Welt der Wissenschaft

Merck ist ein internationales Wissenschafts- und Technologieunternehmen im Bereich Medizin, Biowissenschaften und Hochleistungs-Materialien mit Hauptniederlassung in Darmstadt. Es wurde 1668 gegründet und gilt als das älteste Chemie- und Pharmaunternehmen der Welt. Merck glaubt an die positive Kraft der Wissenschaft und strebt die Entwicklung von bahnbrechenden Technologien an, um Fortschritt für die Gesellschaft zu erreichen und die Lebensqualität der Menschen zu verbessern. Der Konzern hat sich zum Ziel gesetzt, Lösungen für die globalen Herausforderungen der Gegenwart wie Hunger, Krankheit und Klimawandel sowie die Digitalisierung zu finden.

Mit der Zeit vollzieht Merck die Transformation von einem traditionellen Pharma- und Chemiekonzern hin zu einem innovativen Global Player mit wissenschaftlichem und technologischem Know-how. Nach außen hin wird dieser Wandel vom neuen Corporate Design versinnbildlicht, das 2015 eingeführt wurde und seither weltweit im Einsatz ist. Das farben- und formenreiche Rebranding drückt jene Lebendigkeit und Innovationskraft aus, die sich aus dem Markenkern der „vibrant science and technology" ableitet. Der Konzern wird hierdurch emotionaler, jünger und aufmerksamkeitsstärker wahrgenommen. Genau richtig, um sich auf dem globalen Markt von konkurrierenden Technologieunternehmen abzuheben.

Grundlegendes Markierungselement ist das sogenannte „vibrant M", eine dynamische Buchstabenmarke, die als „Global Identifier" eine wichtige Rolle in der Unternehmensdarstellung spielt. Die Initiale ist dem Markenlogo entlehnt, für das eine eigene Schrift gestaltet wurde. Die leicht wiedererkennbare Bildsprache ist von der schillernden, organischen Farb- und Formenwelt inspiriert, die sich Forschenden mit Blick durch das Mikroskop eröffnet. In der Kommunikation dienen Zellformen als ordnendes Element, Bänder zur Betonung von Inhalten und sogenannte „Mercroben" werden in dreidimensionaler Form als bionische Kugeln auch zur markengerechten Gestaltung von Events genutzt. Das Corporate Design greift auf eine Farbpalette von zwölf kraftvollen Markenfarben zurück, die sich beliebig kombinieren lassen. Keine davon ist wichtiger als die andere oder hat irgendeine besondere Bedeutung. Eine angewandte Farbe soll lediglich mit der jeweiligen Hintergrundfarbe korrespondieren, um einen augenfälligen Eindruck zu erzeugen.

Durch das hochflexible Gestaltsystem lassen sich schnell die Gestaltungselemente vielseitig kombinieren – auch mit der fotografischen Bilderwelt des Unternehmens. Somit können beispielsweise die Designs von Give-aways wie Tassen (siehe Abb. 59), Lanyards oder die Workwear einen unverwechselbaren Merck-Look zeigen (siehe Abb. 60).

Abb. 59: Merck-Tasse in einer Werkküche in Burlington (USA).

Abb. 60: Merck-Mitarbeiter in gebrandeter Workwear.

Oder die Branding-Elemente tauchen wie beiläufig im Vorder- bzw. Hintergrund der Bildszene auf – wie zum Beispiel im räumlichen Design von Mitarbeiter-Lounges (siehe Abb. 61), Produktionsstätten (siehe Abb. 62), Laboren (siehe Abb. 63) und der Gebäudearchitektur (siehe Kap. F4).

Abb. 61: Mitarbeiter-Lounge von Merck am Standort Shanghai.

Abb. 62: Das „M Lab“ von Merck, eine Produktionsstätte in Burlington (USA).

Abb. 63: Das Qualitätslabor von Merck in Jaffrey (USA).

Formal sind die Fotos leicht ungesättigt und abgebildete Personen werden stets positiv und engagiert dargestellt. Vorteil eines so umfassend implementierten Corporate Designs ist es, dass es als integraler

Bestandteil einzelner Unternehmensbilder wie auf natürliche Weise auf der formalen Ebene für Kohärenz und Individualisierung der Bilderwelt insgesamt sorgt. Auch auf konzeptueller Ebene schwingt dabei stets die Kernassoziation von „Vibrance" mit – der Lebendigkeit bzw. Strahlkraft von Wissenschaft und Technologie.

Merck wird hier als Best-Practice-Beispiel angeführt, da sein modernes Corporate Design außergewöhnlich (wirksam) ist. Es differenziert, polarisiert und emotionalisiert. Es ist überdies ein spannendes Beispiel dafür, wie eng Markenbild und Bilderwelt miteinander verzahnt sein können. Dadurch entsteht eine besondere Erlebnisqualität: Die ungewöhnlichen Formen und Farben erschaffen eine faszinierende Welt, die lebendig, schillernd und abwechslungsreich ist. Sich so darzustellen, ist für Merck ein mutiger Schritt gewesen, weil es die klischeehaften Erwartungen von „Wissenschaftlichkeit", wie eine weiße, nüchterne Laboratmosphäre, bewusst konterkariert. Die bunte Welt der Wissenschaft von Merck steht für Leidenschaft und Freude an Erkenntnissen und Innovationen – gerade mit Blick auf das visionäre Bestreben des Unternehmens, globale Herausforderungen zu bewältigen.

Übrigens: Auch Merck nutzt als globaler Konzern eine interaktive Plattform, um eine einheitliche Markenführung zu gewährleisten. Interne und externe Stakeholder finden in einem sogenannten Brand Hub alle notwendigen Bestimmungen und Assets wie Farben, Formen, Schriften, Logo sowie Bilder, Icons und Illustrationen. Ein solches plattformbasiertes Marken- und Asset-Management ist für ein global agierendes Unternehmen vorteilhaft. Gerade in heutigen (pandemischen) Zeiten müssen sich Teams immer dezentraler organisieren. Dabei können Workflows beschleunigt, Abstimmungsprozesse minimiert, die Aktualität der Assets erhöht und die Fehleranfälligkeit in der Anwendung des Corporate Designs und der Corporate Imagery reduziert werden.

Congstar: Von Fast-Food-Motiven zum Popart-Style

Congstar ist ein Telekommunikationsunternehmen, das Mobilfunk- und Internettarife anbietet und seinen Hauptsitz am Kölner Rheinauhafen hat. Es wurde 2007 als Zweitmarke der Deutschen Telekom ins Leben gerufen, wobei keine direkten Assoziationen zum Mutterkonzern bestehen sollten, um am Markt eine komplementäre Positionierung einzunehmen. Congstar stellt den Hipster unter den Discount-Mobilfunkanbietern dar und zeigt sich in allen Kommunikationskanälen wie es als Unternehmen tickt: jung, kreativ, fair und ehrlich. Mittlerweile hat Congstar rund sechs Millionen Kunden, die etwas jünger als der durchschnittliche Mobilfunk-Nutzer sind. Die Altersspanne der Kernzielgruppe liegt zwischen 17 und 39 Jahren. Einerseits spricht Congstar die klassischen Discount-Kunden an, andererseits auch sogenannte „Smartshopper", die besonderen Wert auf hohe Qualität zu fairen Preisen legen. Um diese jungen Kunden zu erreichen und sich gleichzeitig in einem stark umkämpften Markt abzuheben, setzt die Marke seit ihrem Launch auf eine äußerst prägnante Markenbildsprache, die sich medienübergreifend flexibel anwenden lässt: Sie besteht aus visuellen Musterelementen – zumeist aus dem Fastfood-Umfeld – in knalliger Farbe, die im starken Kontrast zum schwarzen Hintergrund stehen. Die Einführungskampagne von 2007 lautete: „Congstar: Leicht wie Fast Food." Dieser visuelle Kontrast bildet ein starkes Alleinstellungsmerkmal, sorgt in der Kommunikation für Aufmerksamkeit und hat einen hohen Wiedererkennungswert.

Unterstützt wird die Werbung durch eine humorvolle Aufmachung, die zum Schmunzeln anregen soll. Übergeordnete Kernbotschaft bleibt stets die Verbindung von preislicher Fairness und hoher Qualität der Produkte, die durch das D-Netz der Deutschen Telekom gewährleistet wird. Schließlich hat sich der Look seit der Markeneinführung weiterentwickelt: von reinen Mobilfunk- und Fastfood-Elementen über schemenhafte Figuren zu echten Menschen im charakteristischen Congstar-Stil. Bildobjekte und Charaktere wie das Testimonial Andy sind in einer Farbrange koloriert, die an berühmte Werke des Popart-Künstlers Andy Warhol erinnern. Die Bildmotive sind mit farbigen, neonleuchtenden Grafikelementen wie Rahmen, Sprechblasen und geometrischen Umformen kombiniert. Der in der Werbung eingesetzte Markenstil mit dominantem Schwarz setzt sich auch in der unternehmerischen Bilderwelt fort: Zum Beispiel werden klassische Fotografien von Mitarbeitern, die vor einer Logowand stehen, von farbigen Sprechblasen gerahmt oder sogar im typischen Markenstil koloriert wie im Fall des Gruppenfotos der Congstar-Mitarbeitenden (siehe Abb. 64) und anderer Personenabbildungen, die auf der Website zu sehen sind (siehe Abb. 65).

Abb. 64: Stilisiertes Gruppenfoto mit allen Congstar-Mitarbeitenden.

Abb. 65: Stilisierte Personenabbildungen auf der Congstar-Website.

Hier sind auch Erklärbilder („So geht's") eingefärbt und mit Farbelementen ergänzt (siehe Abb. 66). Selbst beim Thema „Jobs und Karriere", kommt der typische Stil zum Einsatz: Abbildung 67 zeigt die Kombination einer bekleideten Möwe (als Hingucker) und Hafen-Gebäuden in stilisierter Farbigkeit und herkömmliche Mitarbeiter-Fotografien in Farbkreisen.

Abb. 66: Stilisiertes Erklärbild auf der Congstar-Website.

Abb. 67: Stilisiertes Key Visual für Jobs und Karriere auf der Congstar-Website.

Hinsichtlich seiner formal außergewöhnlichen Corporate Imagery stellt Congstar ein lehrreiches Praxisbeispiel dar: Mit seinem differenzierenden und leicht wiedererkennbaren Popart-Stil hat sich Congstar in den Köpfen der Menschen festsetzen und so langfristig auf dem hart umkämpften Telekommunikationsmarkt etablieren können. Weiter noch: Zeitweise gehörte die Telekom-Tochter zu den 50 wertvollsten Marken Deutschlands. Ein Zusammenhang zur einzigartigen Bilderwelt ist dabei nicht von der Hand zu weisen. Dieser eindrückliche Stil wird sich auch in Zukunft nicht leicht abnutzen, weil er flexibel auf jede Art von Bildobjekt und Markenstory anwendbar ist – alles lässt sich sozusagen „Congstarisieren“. Für eine Marke stellt es strategisch eine gute Entscheidung dar, bereits kollektiv wirksame Muster, wie hier die Popart-Stilisierung aus der Kunstgeschichte, in die eigene Unternehmenskommunikation zu integrieren. Warhol wäre stolz.

Berliner Stadtreinigung (BSR): „Orange gehört mit ins Stadtbild“

Die Berliner Stadtreinigung (BSR) ist ein landeseigenes Dienstleistungsunternehmen in Berlin und wurde 1951 gegründet. Sein Kerngeschäft ist die Müllabfuhr, flächendeckende Straßenreinigung inklusive Winterdienst, fachgerechte Abfallbehandlung und -verwertung. Das Unternehmen betreibt auch das Berliner Müllheizkraftwerk, Biogasanlagen und Recyclinghöfe. Die BSR kümmert sich um Abfälle und Wertstoffe von zwei Millionen Haushalten. Sie ist damit das größte kommunale Stadtreinigungsunternehmen in Deutschland und gehört mit knapp 6.000 Beschäftigten mit zahlreichen Nationalitäten zu Berlins größten Arbeitgebern.

Heute begreift sich die BSR als aktive, moderne Gestalterin ganzheitlicher Stadtsauberkeit und nachhaltiger Abfall- und Ressourcenwirtschaft, die insbesondere als Arbeitgebermarke glaubwürdig, attraktiv und sympathisch wahrgenommen wird. Erst durch eine neue Kommunikationsausrichtung hat sich dieses positive Image herausgebildet: Nicht nur nehmen die Berlinerinnen und Berliner die BSR und ihre Mitarbeitenden mit viel Wertschätzung wahr, auch die Belegschaft kann sich mit dem eigenen Unternehmen besser identifizieren und ist motivierter. Stellenweise erreichen die Kampagnen Kultstatus und werden überregional rezipiert.

Die Tonalität der neuen Markenkommunikation ist manchmal etwas schräg, jedoch stets humorvoll, direkt und schnörkellos – so wie man eben einen typischen Berliner charakterisieren würde. Als wiederkehrende Elemente werden stets die Markenfarbe Orange und witzige Sprüche eingesetzt – aber nicht allein über klassische Out-of-Home-Medien wie Großplakate und City-Lights vermittelt. Vielmehr werden dafür überwiegend ungewöhnliche Kommunikationsträger eingesetzt: wie die über 1.700 Betriebsfahrzeuge – bestehend aus Kehrmaschinen, Transportern und Räumfahrzeugen – sowie die über 26.000 Abfallbehälter, die im gesamten Stadtgebiet verteilt sind. Auch die Mitarbeitenden selbst stehen im Fokus: Sie tragen die frechen Sprüche auf ihren T-Shirts.

Inhaltlich möchte die BSR in ihren Kampagnen verdeutlichen, dass Abfalltrennen und das Engagement für die Stadt Spaß machen können. Die Öffentlichkeit soll zu ökologisch verantwortungsvollem Handeln angeregt werden. Stets spielen kommunikativ auch die unternehmerischen Werte wie Klimaschutz, Nachhaltigkeit und die Übernahme von sozialer Verantwortung eine wichtige Rolle. Alle kommunikativen Aktivitäten stellen letztlich die städtische Lebensqualität heraus und zielen darauf ab, bei Bewohnern, Besuchern und BSR-Mitarbeitern ein „Wir-sind-Berlin"-Gefühl zu erzeugen. Kampagnen wie etwa „We kehr for you" oder „So grün ist nur Orange" haben genau das erreicht: Wertschätzung für die BSR und ihre Arbeit und das Verständnis, dass für die Sauberkeit von Berlin alle mitwirken müssen. Die originelle Kommunikation nutzt auch noch zusätzliche kreative Maßnahmen. Beispielsweise wurde die Aktion „Kehrenbürger" ins Leben gerufen. Freiwillige können sich dabei als Putzengel für ein schöneres Berlin engagieren und erhalten dafür ein kostenfreies „Kehrpaket" bestehend aus Handschuhen (auch für die Kleinen), Greifzangen, Besen, Westen und Mülltüten. Im Imagevideo „Wir sind BSR!" zeigen sich die BSR-Mitarbeitenden als eingeschworene Gemeinschaft, die Berlin entscheidend mitprägen. Sie finden: „Orange gehört […] mit ins Stadtbild!" Auf ihrer Website betreibt die BSR auch einen eigenen Fanartikel-Shop. Angeboten werden Accessoires für Büro und Zuhause, Textilien, Modellfahrzeuge, Kinderbücher, Spiele und Poster.

Die unternehmerische Bilderwelt von BSR wird in Kommunikationsmedien wie Geschäftsberichten, Broschüren, Website und auf Social Media eingesetzt. Sie greift auf formale Elemente des Corporate Designs zurück wie das orangefarbene Quadrat in verschiedenen Tonabstufungen und die zentralen Motivelemente aus der Werbekommunikation: Fahrzeuge, Mülleimer und Mitarbeiter in Arbeitsbekleidung. Witzige Sprüche und werthaltige Botschaften klammern auch die Bilderwelt. Die Bedeutungen der Einzelmotive zahlen auf übergeordnete Werte ein und stärken das positive Image der BSR.

In einzelnen Unternehmensbildern wird beispielsweise ein sympathischer BSR-Mitarbeiter in orangener Montur auf dem Berliner CSD gezeigt, einer der größten Straßenumzüge seiner Art in Europa, wie er sich in trauter Gesellschaft mit Vertretern der LGBTQ-Community amüsiert. Sein T-Shirt trägt die bezeichnende Aufschrift „Jetzt kehrt Liebe ein" (siehe Abb. 68).

Abb. 68: BSR-Mitarbeiter mit T-Shirt „Jetzt kehrt Liebe ein" auf dem CSD.

Ähnlich funktioniert Abbildung 69: Hier ist eine BSR-Mitarbeiterin bei der Parkreinigung zu sehen, auf deren T-Shirt der Ausdruck „Querfeger (CSD 2005)" steht. Beide Bilder verdeutlichen, dass für die Berliner Stadtreinigung Werte wie Diversität und soziale Gleichheit entscheidend sind.

Abb. 69: BSR-Mitarbeiterin mit T-Shirt „Querfeger" bei der Parkreinigung.

Abbildung 70 zeigt ein Fahrzeug mit dem kreativen Namen „Rumstromer". Es ist die erste Kleinkehrmaschine mit Elektroantrieb. Dieses Bild schafft Assoziationen zum hochaktuellen Themenkomplex Klimaschutz und erneuerbare Energien. Die Abbildung 71 steht für die primäre

Dienstleistung der Stadtsauberkeit. Man sieht BSR-Mitarbeiter bei der Arbeit auf den städtischen Grünflächen. Ihre T-Shirts tragen die treffende Aussage: „Orange macht Putz!".

Abb. 70: BSR-Fahrzeug mit Schlagwort „Rumstromer".

Abb. 71: BSR-Mitarbeitende auf Grünflächen mit T-Shirt „Orange macht Putz!".

Auch die Botschaft der Abbildung auf der linken Innenklappe des Bucheinbandes ist brillant. Sie zeigt sehr gut, wie moderne Unternehmenskommunikation heutzutage funktionieren soll: nah am Kunden sein und die Einzigartigkeit des Mediums nutzen. Gezeigt wird ein BSR-Mülleimer im urbanen Umfeld mit der Aufschrift „Vorurteile sind Müll. Die BSR ist Unterzeichnerin der Charta der Vielfalt." In der Botschaft verbindet sich der konkrete Unternehmenszweck der Müllbeseitigung mit dem Unternehmenswert der sozialen Gleichheit: Gerichtet ist sie als Haltung gegenüber den eigenen Mitarbeitern, aber gleichzeitig als Appell an die Bewohner und Besucher von Berlin. Im Hintergrund des Bildes ist auf der Street-Art-Wand noch der Satz „Viele kleine Leute [...] können das Gesicht der Welt verändern" zu lesen, der die zentrale Bildaussage noch verstärkt.

Die Berliner Stadtreinigung als Fallbeispiel für erfolgreiche (visuelle) Unternehmenskommunikation aufzuführen, ist ein Muss. Die BSR konnte durch ihren unternehmenszentrierten Kommunikationsansatz, der durch saloppe Sprüche und die Dominanz der Farbe Orange gekennzeichnet ist, viele positive Wirkungen erzielen: Hierzu gehören ein beabsichtigter Imagewechsel, die Vermittlung strategischer Unternehmenswerte sowie hochaktueller Themen, außerdem ein starkes Employer Branding. Die Berliner Stadtreinigung ist zur Kultmarke geworden.

Menschen halten gespannt Ausschau nach dem nächsten Kampagnenmotiv und Fanartikel werden zu heißbegehrten Sammlerstücken. Und wie es sich für ein Kultunternehmen gehört, sind einige der Kommunikationsmittel als Exponate im Museum zu bestaunen. Die Abteilung Alltagskultur des Deutschen Historischen Museums zeigt Postkarten, T-Shirts und Arbeitskleidung der BSR. Orange ist eben Kult.

Berliner Verkehrsbetriebe (BVG): Das Gelbe steht fürs Bunte

Die Berliner Verkehrsbetriebe (BVG) sind das größte kommunale Verkehrsunternehmen in Deutschland. Es wurde 1928 gegründet und betreibt in Berlin und dem angrenzendem Umland die Verkehrsmittel des öffentlichen Personennahverkehrs mit U-Bahn, Straßenbahn, Busverkehr und Fähren.

Durch eine strategische Neuausrichtung ihrer Kommunikation konnte die BVG den Imagewandel von einer biederen Behörde zur „coolen Sau im ÖPNV" (Martell Beck) vollziehen. Ausschlaggebend war die preisgekrönte Kampagne „Weil wir dich lieben", die als Liebeserklärung an die Fahrgäste und an Berlin als bunte Metropole im weiten Sinne zu verstehen ist.

Die neue Imagekommunikation war sehr erfolgreich und erzielte höhere Reichweiten, Umsätze und sorgte dafür, dass die BVG heute positiver wahrgenommen wird: weltoffen, glaubwürdig, fortschrittlich, sympathisch und serviceorientiert. Entsprechend stellt die BVG ein exzellentes Praxisbeispiel für wirksame Unternehmenskommunikation dar.

Anstatt wie ein gewöhnlicher Verkehrsbetrieb aufzutreten, verkörpert die BVG vielmehr den „cleveren Kumpel", der die Kunden kennt und der sich deshalb wie kein anderer um sie kümmern kann (Markenversprechen). Botschaften werden auf Augenhöhe und mit dem besonderen Charme der „Berliner Schnauze" vermittelt: rau aber herzlich, lässig und geradeaus (Markentonalität). Die BVG positioniert sich kommunikativ als „echtes Berlin". Entsprechend werden zur Markeninszenierung authentische Berliner Locations mit echten Personen gezeigt.

Gerahmt wird die Werbe- und Unternehmenskommunikation der BVG durch zentrale Elemente ihres Corporate Designs. Hierzu gehören die Markenfarbe „Verkehrsgelb", der Claim „Weil wir dich lieben" und das BVG-Logo, das in einem gelben Herz steht. Dieses symbolisiert nicht nur die Liebe, die die BVG ihren Kunden entgegenbringt oder die sie sich umgekehrt von der Öffentlichkeit erhofft. Es erinnert auch daran, dass die Berliner dafür bekannt sind, dass sie ihr Herz auf der Zunge tragen. In Wahrheit ist Liebe wohl gelb.

Im Zentrum der Kommunikation stehen die vielen Menschen und ihre alltäglichen (Fahr-)Erlebnisse in der Stadt. Insbesondere das Imagevideo „Is mir egal" thematisiert diese Vielfalt. Ob Senioren, Schwule, Drags („Ladies mit Bart"), Punks, Musiker, Leute mit Haustieren, Grufties, Fußballfans oder Mütter mit Kind – als Fahrgäste der BVG sind sie alle gleich. „Nur wir lieben dich so, wie du bist" heißt es im Abbinder.

Die Bilderwelt vermeidet einen werblichen Hochglanz-Look. Vielmehr wirken Bilder authentisch ungeschönt und ihre formale Stilisierung ist klar, hell und nutzt den Bokeh-Effekt – also Tiefenunschärfen – im Bildhintergrund. Motivisch enthalten die Bilder stets gelbe Elemente: entweder bei den zentralen Bildobjekten (z.B. Personen) oder wie beiläufig innerhalb der Bildszene (z.B. Fahrzeuge). Die Imagebilder beziehen sich durch narrative Motive auf strategische Unternehmensthemen. Dies zeigt sich auf der BVG-Website: Das Thema Elektromobilität repräsentiert ein glücklicher Fahrradfahrer mit gelben Sonnenblumen im Radkorb; zur Nachhaltigkeit wird ein lachender Vater mit seinem Sohn auf den Schultern gezeigt, welcher ein gelbes Windrädchen in den Händen hält; das Thema Sicherheit illustriert ein sympathischer, aber ernst dreinschauender BVG-Mitarbeiter, der mit Walki Talki in der Hand an einem städtischen Verkehrsknoten steht. Auf der Website werden zudem auch markante Fliesenabbildungen aus U-Bahnstationen als dekorative Hintergrundbilder genutzt. Konkrete Botschaften werden als Texte in gelben Balken dargestellt. Dies erfolgt nicht nur in der Werbekommunikation, sondern auch in der unternehmerischen Bilderwelt.

Dies verdeutlicht die Gegenüberstellung zweier Kommunikationsmittel. Abbildung 72 zeigt ein aufmerksamkeitsstarkes Werbeplakat, auf dem das BVG-Abo angepriesen wird.

Abb. 72: BVG-Kampagnenmotiv „Jeden Tag ein frischer Look!".

Abgebildet ist eine gelb gekleidete Frau, deren Gesicht nicht zu sehen ist (Abweichung von der Norm). Es wird durch ihre Haare verdeckt, die durch den Wind einer einfahrenden U-Bahn völlig durcheinandergewirbelt werden. Das Beförderungsmittel ist durch die Bewegungsunschärfe bis zur Unkenntlichkeit abstrahiert. Die Headline „Jeden Tag ein frischer Look!" bezieht sich auf die Erlebnisqualität, wenn man mit der BVG reist. Man sollte stets für Überraschungen offen sein. Wie im Bild kann innerhalb von Sekunden aus einer gestylten Frisur ein Bad Hair Look werden. Abbildung 73 ist eine Arbeitgeberanzeige.

Abb. 73: Arbeitgeberanzeige der BVG „Als Azubi landest du hier schnell auf dem Einstellgleis".

Sie zeigt zwei Auszubildende der BVG vor gelben Straßenbahnen im Hintergrund. Eine davon trägt einen gelben Helm im Arm und einen BVG-Kugelschreiber im Hemd. Die beiden Personen wirken authentisch und richten ihren Blick aus dem Bild – scheinbar in Richtung Zukunft. Die Dynamik des bewusst komponierten Bildmotivs entsteht durch eine leichte Untersicht der Kamera. Die Headline mit Wortwitz „Als Azubi landest du hier schnell auf dem Einstellgleis" sorgt für die nötige Portion Humor.

So gewinnt die Arbeitgebermarke ihren Charme. Die BVG hatte in anderen Jobanzeigen auch schon folgende Headline verwendet: „Wir suchen Leute, die nur aufs Gelb aus sind. Jobs mit Sinn." Herausragendes Employer Branding.

Dank eines geschickten, auch visuellen, Markenmanagements ist die BVG heute zu einem Verkehrsunternehmen mit Kultstatus avanciert. Genau wie die pulsierende Metropole Berlin, ist die BVG hip, cool und divers. Ihre kommunikative Aufmerksamkeit und Liebe gilt insbesondere den Berliner Menschen, ihren Erlebnissen und ihrer Vielfalt. Dies zeigt sich auch an ihrer neuen Bildsprache auf den Sitzbezügen ihrer Beförderungsfahrzeuge. Da wurde das altbekannte Sitzmuster „Urban Jungle", das farbige Wimmelwürmer zeigte, durch ein neues ersetzt. Gezeigt wird ein Gewimmel stilisierter Menschen, die sich in den Armen liegen und in den Farben Rostrot, Beige, Eidottergelb, Hellblau und Schwarz koloriert sind. Dieses Muster symbolisiert die Vielfalt Berlins. So dienten die Bewohner mit Blick auf kulturelle Verschiedenheit, sexuelle Orientierung, unterschiedliche Körperformen, Altersstufen und Geschlechter als Vorbild. Ganz nach dem Motto: „Andere beziehen Stellung für Vielfalt. Wir unsere Sitze." Typisch BVG halt.

F6 OPTIMIERUNG VORHANDENER BILDER

Sie möchten die Wirkung Ihrer (Bild-)Kommunikation verbessern, haben aber nicht die Zeit und das Geld, eine neue Bilderwelt zu entwickeln? Kein Problem! Setzen Sie bei der Optimierung Ihrer vorhandenen Bilder an zwei Stellen an: Bessere Form und besserer Inhalt. Ohne inhaltlich in die Bilder eingreifen zu müssen, können Sie die Wirkung Ihrer Bilder erheblich verbessern. Gerade bei kleinem Budget sollten Sie Ihre Bilder sorgfältig auswählen, damit diese wirken.

Bildgröße

Sie können ein Bild leicht zum Eyecatcher machen, indem Sie die Größe des Bildes anpassen: Je größer das Bild, desto schneller fällt es auf und desto länger wird es beachtet. Die Wirkung von Anzeigen steigt linear mit der Größe der Anzeige. Alternativ können Sie auch andere Bilder verkleinern, um denselben Effekt zu erzielen. Wichtig ist in jedem Fall, dass Sie ein Bild pro Seite in den Vordergrund stellen. Dieses Bild ist der Eyecatcher, also das Bild, das den Blick des Betrachtenden einfängt und das Interesse erweckt.

Menschen

Nichts interessiert die Menschen mehr als andere Menschen. Gesichter gehören zu den beliebtesten und wirkungsvollsten Bildmotiven. Wenn Sie Gesichter einsetzen, dann können Ihnen folgende Hinweise helfen, mehr aus Ihren Bildern herauszuholen: Besonders stark wirken Gesichter, deren Blicke auf den Betrachter gerichtet sind. Augen haben Signalcharakter, besonders dann, wenn uns die Augen direkt anschauen. Die Blickrichtung ist ein sehr effektives Werkzeug, den Blick des Betrachters zu lenken: Schaut das abgebildete Model nach links, wird der Blick des Betrachters mit hoher Wahrscheinlichkeit ebenfalls nach links wandern.

Schaut das Model nach rechts, wandert der Blick des Betrachters nach rechts. Wenn Sie Gesichter mit Blicken zeigen, die nicht direkt auf den Betrachter ausgerichtet sind, dann führen Sie den Blick in Leserichtung, indem Sie das Model aus Sicht des Betrachters nach rechts schauen lassen.

Neben den Augen wird bei der Betrachtung von Gesichtern die Mundpartie besonders stark beachtet. Dies gilt insbesondere für die Darstellung von Zähnen. Zähne erregen die Aufmerksamkeit stärker als ein geschlossener Mund. Achten Sie darauf, dass die Gesichter auf Ihren Bildern positive Stimmungen darstellen – also Lächeln oder Lachen. Ernste Gesichter wirken schnell bedrohend und werden vom Betrachter eher gemieden.

Dynamische Bilder

Ein Auto-Motiv wirkt deutlich stärker, wenn es das Auto in voller Fahrt zeigt. Das Auto kann beispielsweise durch Wasser fahren oder einen Berg hochfahren. Dies aktiviert stärker als ein stehendes Auto. Dasselbe gilt für Menschen: Zeigen Sie Menschen, die etwas tun, die in Bewegung sind. Bewegung zieht die Aufmerksamkeit auf sich.

Abb. 74: Dynamische Bilder fallen auf.

Konkrete Bilder

Konkrete Bilder sind abstrakten Motiven vorzuziehen. Abstrakte Bildmotive mögen in der Kunst ihren Platz haben, in der Kommunikation wirken konkrete, klare Bilder besser. Setzen Sie realitätsnahe Bilder ein, Strichzeichnungen wirken weniger stark. Deshalb finden Sie auf den meisten Zeitungstiteln Bilder, während Strichzeichnungen eher im Inneren von Zeitungen zu finden sind.

Platzierung der Bilder

Der erste Ansatzpunkt ist die Platzierung der Bilder. Bilder werden in aller Regel vor Texten beachtet. Nehmen wir das Beispiel einer Website: Internetnutzer beachten auf einer Website zuerst die Bilder. Erst nachdem sie die Bilder betrachtet haben, überfliegen oder lesen sie den Text. Ihre Bezugsgruppen orientieren sich also stark an den Bildern, um sich auf Ihrer Webseite zu orientieren. Dies führt uns zur ersten Optimierung:

Platzieren Sie Ihre Bilder so, dass der Blick in Leserichtung geführt wird.

Dies verstärkt die Wirkung des Bildes, weil der dazugehörige Text eher beachtet wird. Ein Bild sollte möglichst links des dazugehörigen Textes stehen. Dann kann der Blick vom Bild zum Text wandern und diesen in Leserichtung abarbeiten. Steht das Bild rechts vom Text, so zwingen Sie dem Betrachter eine unnötige Last auf: Er muss sich den Text gegen die Leserichtung erarbeiten, also von rechts nach links. Gleiches gilt für die vertikale Platzierung: Texte sollten möglichst unterhalb von Bildern stehen. Steht die Überschrift über einem Bild, muss der Betrachter unnötig viel Aufwand betreiben: Das Auge muss entgegen der gelernten Leserichtung vom Bild aus nach oben springen. Besser ist, es dem Auge vom Bild aus zu ermöglichen, nach unten zu wandern, um den zugehörigen Text zu lesen. Die Beachtung von Texten steigt um etwa 10 Prozent, wenn Sie diese Regeln einhalten. Das erscheint Ihnen wenig? Vor dem Hintergrund, dass Texte überhaupt wenig beachtet werden – bei Anzeigen sind es weniger als 10 Prozent der Blicke, die über den Text wandern – kann dies signifikante Unterschiede in der Wirkung Ihrer Kommunikation zur Folge haben. Es gilt die Faustregel: Leserichtung von links nach rechts und von oben nach unten beachten. Wenn Sie diese Sehgewohnheiten unterstützen, erzielen Sie bei gleichen Bildinhalten eine größere Wirkung.

Tipps

- Bild vor Text.
- Personen vor Landschaften bzw. Hintergründen.
- Gesichter vor Körper; Auge und Mund haben Priorität.
- Dynamische Motive vor statischen Bildern.
- Konkrete Motive vor abstrakten Motiven.
- Optisch auffällige Elemente vor unauffälligen Elementen (optisch auffällig: große, zentral platzierte Bilder, hoher Kontrast zwischen Figur und Hintergrund).

Zahl der Bilder

Setzen Sie Bilder möglichst so ein, dass es immer einen klaren Augenfänger (Eyecatcher) gibt. Der Hintergrund davon ist: Je mehr gleich starke Bilder Sie präsentieren, desto länger braucht der Betrachter, sich für eines zu entscheiden – der Einstieg verlangsamt sich deutlich. In der Psychologie nennt man den Zusammenhang zwischen der Zahl der Eyecatcher und der Reaktionszeit das „Fitts"-Gesetz: Haben Sie die Wahl zwischen fünf gleichwertigen Mahlzeiten, werden Sie deutlich länger brauchen, sich für eine zu entscheiden, als wenn es ein Hauptmenü und mehrere Beilagen gibt. Dasselbe gilt für Bilder. So ist es selten hilfreich, mehrere Gesichter in einem Bild zu zeigen. Besser Sie zeigen nur ein Gesicht, so erleichtern Sie dem Betrachter den Einstieg und die weitere Verarbeitung.

Kontrast

Unser Gehirn liebt Kontraste in jeder Form: Größenkontraste, Farbkontraste, Alterskontraste etc. Gegensätze ziehen die Aufmerksamkeit auf sich. Schwammige oder verschwommene Bilder wirken weniger effektiv als scharfe Bilder mit hohem Kontrast. Konturen sollten immer scharf und kontrastreich sein. Das Kontrastprinzip ist allgemein anwendbar: So kann auch ein schwarz-weißes Bild in einem farbigen Umfeld stark auffallen – genauso wie ein kleines Bild, das im Kontext von großen Bildern gezeigt wird, auffällt.

Farben

Auch die richtige Farbgebung erhöht die Wirkung von bestehenden Bildern: Vermeiden Sie unnatürliche Farben, zum Beispiel einen blauen Baum. Die Forschung belegt, dass eine unnatürliche Farbgebung zwar die Aufmerksamkeit anziehen kann, dies aber der nachhaltigen Wirkung der Bilder deutlich schaden kann. An Bilder mit unnatürlichen Farben kann man sich schlechter erinnern und sie werden seltener wiedererkannt als Bilder mit natürlichen Farben. Blaue Orangen mögen auffallen, aber sie werden schlecht gelernt und erinnert. Weitere Regeln für die Farbgebung Ihrer Bilder:

- Reine Farben wie grün, rot und blau wirken stärker als Mischtöne (Gesetz der Reinheit).
- Satte Farben wirken stärker als Farben mit geringer Sättigung (Gesetz der Sättigung).
- Bunte Bilder wirken stärker als monochrome (einfarbige) Bilder.
- Warme Farben wie rot und gelb wirken besser als kalte Farben wie blau und grün.

Bild-Experte Edward Tufte stellt für den Einsatz von Farben folgende Regeln auf: Pastelltöne oder abgedunkelte Farben werden für größere Flächen bzw. Hintergründe genutzt. Intensive Farben werden für kleine Objekte bzw. Bildelemente, die besonders betont werden sollen, eingesetzt. Die Regeln von Tufte verdeutlichen ein allgemeines Wirkungsprinzip: Figur und (Hinter-)Grund sollten klar getrennt sein. Es sollte nur eine konkrete Figur, eine prägnante Gestalt existieren. Der Rest muss im Hintergrund stehen. Eine ähnliche Technik arbeitet mit dreidimensionalen Motiven. Durch Schattierung rücken Sie ein Motiv in den Vordergrund. Dreidimensionalität wirkt insgesamt sehr stark und lenkt die Aufmerksamkeit auf die Figur im Vordergrund (Tufte 1990).

Schnelle Bilder

Fragen Sie sich bei jedem Bild, ob die Betrachter es sofort verstehen können – bürden Sie Ihren Bezugsgruppen kein unnötiges Nachdenken auf. Setzen Sie Bilder ein, die sofort und unmittelbar kommunizieren. Rechnen Sie damit, dass Ihre Bilder jeweils für maximal ein bis zwei Sekunden betrachtet werden. In dieser kurzen Zeit müssen Ihre Bilder wirken. Vermeiden Sie deshalb Bilder mit Rätseln, Hinweisen oder Gedankenspielen – diese funktionieren fast nie. Haben Sie die Wahl, dann setzen Sie möglichst klare, prägnante Bilder ein.

Fazit

- Vorhandene Bilder lassen sich meist stark optimieren.
- Prinzipien der Wahrnehmungspsychologie unterstützen dabei, die wichtigsten Felder für die Optimierung zu erkennen und zu nutzen.
- Besonders die Bildgröße und die dargestellten Menschen sind wirkungsvoll.
- Die Platzierung von Bildern sollte links oder oberhalb von Texten erfolgen.

G

EINSATZ DER BILDERWELT

In diesem Kapitel erfahren Sie:

- wie Sie kreative Bildideen in der internen Kommunikation einsetzen können;
- wie auch Dienstleister von der Bildwirkung profitieren können;
- wie Sie Bilder in Mitteln und Maßnahmen präsentieren;
- welche Konsequenzen die Digitalisierung für Bilderwelten hat.

Einsatzgebiete von Bilderwelten reichen von der internen Kommunikation bis hin zur Digitalisierung (Herbst 2012).

G1 EINSATZ IN DER INTERNEN KOMMUNIKATION

Die starke Bilderwelt, die die Unternehmenspersönlichkeit transportiert, kann nach innen sehr wirkungsvoll sein:

- **Bilderwelten tragen zu Motivation und Leistung bei:** Ihre Bilderwelt kann die Motivation steigern, indem sie bei Ihren Mitarbeitern starke, einzigartige und verhaltenswirksame innere Bilder des Unternehmens entstehen lassen. Die Arbeitszufriedenheit steigt und damit Motivation und Leistung, wie das Beispiel der Berliner Stadtreinigung (BSR) zeigt (siehe Kap. F5). Bilderwelten wirken durch die emotionale Ansprache stark aktivierend. Dies bedeutet, dass sie die Leistung steigern kann, wenn sie angemessen umgesetzt wird.
- **Bilderwelten ermöglichen Orientierung und Vertrauen:** Digitalisierung, Globalisierung, Klimawandel – je dynamischer und komplexer das Umfeld wird und je schneller das Entscheidungstempo im Unternehmen ist, desto stärker wird der Wunsch der Mitarbeiter und die Notwendigkeit, dass sie die Entwicklung des Unternehmens kennen und dieser zustimmen. Bilderwelten spielen hierbei eine wichtige Rolle, weil sie die Unternehmensentwicklung verdeutlichen können. Dies ermöglicht ihnen, sich zu identifizieren und sich für das Erreichen der Firmenziele einzusetzen.
- **Bilderwelten stärken das Wir-Gefühl:** Sie sind eine Gestaltungsklammer für das Unternehmen, die den Mitarbeitern gefällt. Sie können der Bilderwelt und den darin vermittelten Werten zustimmen, was den Zusammenhalt im Unternehmen fördert.
- **Bilderwelten wirken nach außen:** Die Mitarbeiter tragen ihre Meinung und ihre Gefühle über das Unternehmen nach außen. Mitarbeiter sind deshalb wichtige Botschafter des Unternehmens – auch deshalb, weil sie als besonders glaubwürdig gelten. Bilderwelten

können den Mitarbeitern die Kommunikation mit dem Umfeld erleichtern, zum Beispiel weil sie anhand der Bedeutung des Schlüsselbildes die Unternehmenspersönlichkeit anschaulich erläutern.
- **Bilderwelten unterstützen Wandel:** Kommunikation mit den Mitarbeitern ist ein Erfolgsfaktor für Wandel und ein wirksames Mittel gegen das Scheitern von Veränderungen. Die Bilderwelt kann den Wandel unterstützen, indem sie das Leitbild zweier Unternehmen nach einer Fusion verkörpert, die auf die Mitarbeitenden anstrebenswert wirkt. Bilderwelten können den Wandel durch das Bild des angestrebten Zustands veranschaulichen und für erforderliche Veränderungen auf dem Weg dorthin Zustimmung erzeugen. 70 Prozent der Fusionen scheitern an der Unvereinbarkeit der beiden Firmenkulturen.

Besonders wirksam: Personen aus dem Unternehmen

Unternehmenschefs und Top-Manager spielen schon immer eine essenzielle Rolle für die Unternehmenspersönlichkeit, wie die Beispiele von Fritz Henkel und Michael Otto zeigen. Diese Führungspersönlichkeiten gaben vor, was im Unternehmen wichtig ist und wie die Mitarbeiter handeln sollten. Starb der Gründer, gingen seine Werte auf die nachfolgenden Manager über, die mitunter heute noch im Sinn der Gründer denken, handeln und neue Mitarbeiter aussuchen. Auch heute gibt es Führungspersönlichkeiten, die die Unternehmenspersönlichkeiten prägen, wie Elon Musk von Tesla und Richard Branson von Virgin zeigen. Menschen aus dem Unternehmen können essenzielle Bedeutung für die Bezugsgruppen haben:

- **Unternehmenspersönlichkeit vermitteln:** Menschen können ausdrucksstark und in komprimierter Form die Unternehmenspersönlichkeit vermitteln.
- **Menschen aus dem Unternehmen können zentraler Vertrauensanker** für die internen und externen Bezugsgruppen sein.
- Führungspersönlichkeiten tragen erheblich zur **Emotionalisierung des Unternehmens** bei, weil sie durch ihr Handeln und ihre Geschichten sowohl die Sachebene als auch die Beziehungsebene adressieren.

Aber Achtung: Führungspersönlichkeiten können für ein Unternehmen begeistern, aber ebenso negative Auswirkungen haben.

- **Menschen aus dem Unternehmen ermöglichen Identifikation:** Entspricht die Person dem Selbstbild oder Idealbild der Bezugsgruppe, fühlen sich die Bezugsgruppen mit der Person verbunden: „Die Person aus Unternehmen X ist so wie ich und sie passt deshalb gut zu mir und meiner Lebenswelt."
- **Menschen können Vorbild sein:** Sie können Unsicherheit und Labilität verschwinden lassen, indem die Bezugsgruppen ihr Selbstbild durch die Übernahme von Eigenschaften des Vorbilds verändern. Hierbei gilt: Je schwächer die eigene Persönlichkeit, desto stärker die Identifikation mit dem Vorbild.
- **Aussage im sozialen Umfeld:** Indem sich die Bezugsgruppen zum Vorbild bekennen, können sie dies auch in ihrem sozialen Umfeld offenbaren und damit etwas über sich selbst ausdrücken.
- **Personen bieten Nachrichtenwert:** Je stärker ein Ereignis personalisiert ist und sich in der Handlung oder im Schicksal von Personen verankert, desto eher wird es zur Nachricht. Massenmedien bevorzugen demnach Nachrichten, die von Menschen handeln und die sie darstellen können.

G2 BILDERWELTEN VON DIENSTLEISTERN

Bilderwelten sind besonders für Dienstleister wichtig, weil deren Leistung immateriell ist: Eine Dienstleistung ist jedes Tätigkeits- oder Leistungsangebot, das im Wesentlichen immaterieller Natur ist und keine direkten Besitz- oder Eigentumsveränderungen mit sich bringt. Dienstleistungen umgeben uns überall: als Unternehmensberatung, als Reise, als Taxifahrt oder als Massage. Bei der Vermarktung von Dienstleistungen sind Orientierung und Vertrauen sehr wichtig:

- **Dienstleistungen sind meist erklärungsbedürftig:** Dienstleistungen sind Prozesse. Der Dienstleister bringt Wissen und Erfahrung in den Prozess ein (Input), er gestaltet den Prozess (Throughput) und erreicht ein festgelegtes Ergebnis (Output). Dies alles muss er erklären, da erst das Zusammenspiel die Güte der Dienstleistung ausmacht.
- **Nutzen schwer darstellbar:** Der Nutzen ist den Bezugsgruppen oft schwer darstellbar, wodurch die Bezugsgruppen ein höheres Risiko empfinden, von der Leistung enttäuscht zu werden.
- **Leistung nicht greifbar:** Die Leistung ist nicht gegenständlich, wie zum Beispiel Software, eine Reisevermittlung, Versicherungen und Geldgeschäfte.
- **Güte lässt sich nicht vorher prüfen:** Der Nutzen der Leistungen kann oft nicht vor dem Kauf geprüft werden: Wird ein Anlagetipp erfolgreich sein?
- **Dienstleistungen ändern sich schnell.** Dies zeigt der Fall von elektronischen Tageszeitungen und Software.
- **Erfahrungsgüter:** Die Qualität von Dienstleistungen wird erst durch den Umgang mit ihnen gelernt.
- **Nicht lager- und transportfähig:** Aufgrund der Immaterialität des Gutes kann dieses nicht gelagert und transportiert werden. Die Leistung kann auch hierdurch nicht optisch präsentiert werden.
- **Kein Tausch von schlechter Ware:** Schlechte Leistungen verursachen Einbußen beim Kunden, sie können nicht einfach ausgetauscht

werden wie eine schlechte Ware. Das Vertrauen spielt daher eine entscheidende Rolle.

- **Die Dienstleistung entsteht erst durch ihre Nutzung:** Der Leistungsnehmer gewinnt daher zentrale Bedeutung.
- **Der Kunde muss oftmals selbst aktiv werden:** Er muss eine Distanz überwinden und sich zum Standort der Leistung begeben.
- **Dienstleistungen sind kaum standardisierbar:** Kein Haarschnitt und keine Unternehmensberatung gleicht der anderen, da Erbringer, Ort und Zeitpunkt der erbrachten Dienstleistung wechseln können.
- **Subjektive Beurteilung der Qualität:** Der Wert der Leistung lässt sich oft nicht messen.

Unter diesen Bedingungen wird der Aspekt des Vertrauens noch wichtiger für die Schaffung von dauerhaften Beziehungen als bei standardisierten Industriegütern.

Bilderwelten sind für Dienstleistungen besonders gut geeignet:

- **Leistung visualisieren:** Die Erklärungsbedürftigkeit beziehungsweise Komplexität der Dienstleistung sollten Sie durch ein Schlüsselbild veranschaulichen, welches die typischen Merkmale der Dienstleistung in Kernaussagen zusammenfasst. Hierbei kann ein Archetyp hilfreich sein wie der Helfer oder der Heiler (siehe Kap. E6).
- **Verstehen erleichtern:** Die Bilderwelt kann durch einen Vergleich das Verstehen der Bezugsgruppen enorm erleichtern. Der Prozess aus Input, Throughput und Output lässt sich so in einem angemessenen Bild erklären.
- **Leistung personifizieren:** Der Einsatz von Menschen in der Bilderwelt schafft einen Vertrauensanker, indem der Leistungserbringer, von dem die Qualität der Leistung abhängt, sichtbar wird.
- **Meinungen Dritter nutzen:** Bilderwelten können Testimonials nutzen, um die Güte der Dienstleistungen nachzuweisen. Diese Testimonials können zum Beispiel Experten sein, die ihre persönliche Erfahrung mit der Dienstleistung schildern, damit sie erfahrbar wird.

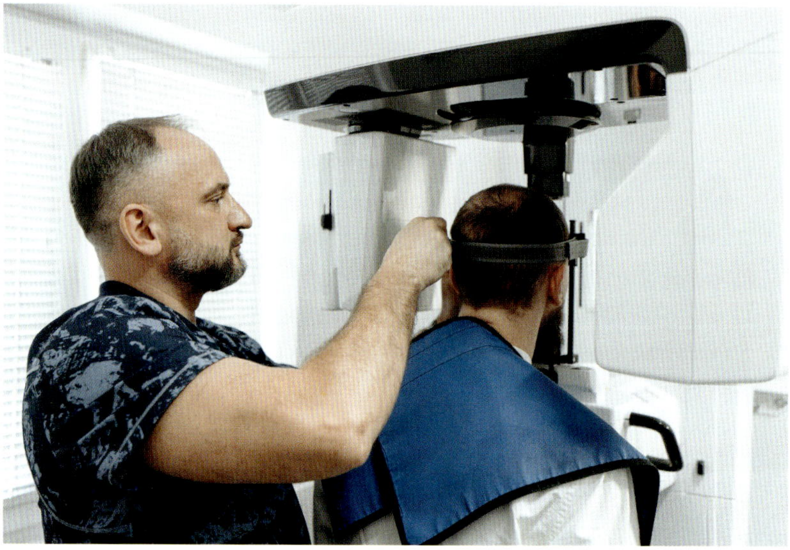

Abb. 75: Bilderwelten sind für Dienstleister besonders geeignet.

G3 BILDERWELTEN IN MASSNAHMEN

Welche Bedeutung hat Ihre Bilderwelt für Ihre tägliche Kommunikationsarbeit? Die Bilder Ihrer täglichen Kommunikationsarbeit leiten Sie aus der übergeordneten Corporate-Imagery-Strategie ab und passen Sie den jeweiligen Erfordernissen der persönlichen und der medial vermittelten Kommunikation an.

Gespräche und Diskussionen

Persönliche Kommunikation umfasst Zwiegespräche, Gruppendiskussionen sowie Großveranstaltungen. Hier einige Beispiele für den Einsatz:

- **Gespräch und Fotoaufnahmen** mit Journalisten finden vor einem Hintergrund statt, der die Bilderwelt oder zumindest das Schlüsselbild zeigt, zum Beispiel vor einem großen Bild in der Eingangshalle Ihres Unternehmens. Viele Unternehmensfotos nutzen diese sehr wirkungsvolle Chance nicht, visuell den Unternehmensvertreter mit der Kernaussage des Unternehmens zu verknüpfen. Demgegenüber findet man in der Politik viele Beispiele, bei denen sich Politiker hinter der Parteienfahne mit der Kernaussage inszenieren.
- **Bei Informations- und Diskussionsveranstaltungen** können Sie viele Gelegenheiten nutzen, um Ihre Bilderwelt wirkungsvoll zu inszenieren – von der Einladung, über den Empfang und der Veranstaltung bis hin zum Ausgang.
- **Einladung:** Logo, Schlüsselbild, Hausschrift, Hausfarbe kombiniert mit den textlichen Kernaussagen über das Unternehmen.
- **Eingang:** Empfangstisch, Aufsteller (Displays) etc.
- **Veranstaltungsraum:** Fahne auf dem Podium, Schlüsselbild im Hintergrund, Dokumentationsmappe, Begrüßungsfolie etc.
- **Ausgang:** Printmedien, wie zum Beispiel der Geschäftsbericht, sowie Ihre elektronischen Medien wie zum Beispiel Ihr Unternehmensvideo.

Geschenkartikel mit den Motiven der Bilderwelt sorgen für deren rasche Verbreitung.

Aber Achtung: Überladen Sie die Veranstaltung nicht mit Ihrer Bilderwelt. Stimmen Sie den Einsatz der Elemente sorgfältig aufeinander ab. Überlegen Sie, wo Sie die Hausfarbe, das Logo, die Schrift, das Schlüsselmotiv und die vollständige Bilderwelt einsetzen.

Beispiele für den Einsatz von PR-Bildern	
Broschüren	Mitarbeiterzeitung
Einladung	Newsletter
Eingangshalle	Plakat
Empfang	Power-Point-Präsentation
Geschäftsbericht	Pressebilder
Geschenkartikel	Veranstaltung
Internet und Intranet	Visitenkarte

Pressefotos

Jede Presseinformation sollte mindestens ein Bild enthalten. Pressefotos werden für die Unternehmenskommunikation immer wichtiger, denn die zunehmende Verwendung von aufmerksamkeitsstarken Bildern durchzieht alle Medien – selbst die Tageszeitungen haben sich dieser Entwicklung angeschlossen (siehe ausführlich Herbst 2012). Die einmal eingesetzten Fotos veranschaulichen meist die Leistungen eines Unternehmens durch Produktfotos, Fotos von Maschinen und Menschen. Auch Grafiken und Abbildungen lockern die Presseinformationen auf. Dahinter steht die Erfahrung, dass ein interessantes und gut gemachtes Foto von den Journalisten eher beachtet und eingesetzt wird. Auch die Leser beachten zuerst das Foto, dann den Text. Als Grund für die Veröffentlichung einer Meldung nennen Journalisten immer wieder die Attraktivität des Fotos bzw. des Bildmaterials an zweiter Stelle. Bieten Sie Journalisten attraktive Fotos an – authentische Unternehmensfotos, auf denen Handlungen zu sehen sind. Mitunter reicht sogar das Bild mit einer Bildunterschrift aus wie im Fall von Veranstaltungshinweisen.

Tagesfotos und langfristige Bilderwelt

Wie stehen nun Tagesfotos und eine langfristige Bilderwelt in Beziehung zueinander? Pressefotos sollten die strategische Kernaussage des Unternehmens transportieren, also zum Beispiel dessen Eigenschaften oder dessen Leistung, die das Pressefoto unterstreicht. Pressefotos, die nicht an diese strategische Linie anknüpfen, werden vielleicht abgedruckt, aber außer der gedanklichen Aktualisierung des Unternehmens erzielen sie keine nennenswerte Kommunikationswirkung, weil die Fotos nicht an vorhandene Gedächtnisinhalte anknüpfen. Sie sollten zudem unbedingt beachten: Inhaltlich dürfen die Pressefotos nicht den Aussagen Ihrer Bilderwelt widersprechen.

Zur Form: Pressefotos sollten bestenfalls authentische und wirklichkeitsnahe Handlungen zeigen. Hierin könnten sich die Pressefotos der Bilderwelten gleichen, wenn diese auf ebensolche Motive anstelle von künstlichen Motiven ausgerichtet sind. Übereinstimmungen in der Form von Pressefotos und Bilderwelten könnten auch Farben sein oder der Stil eines bestimmten Fotografen. Auch für die Form gilt: Pressefotos und Bilderwelt dürfen sich nicht widersprechen. Wenn die Bilderwelt voller Erlebnisse steckt, aber die Pressefotos sachlich und nüchtern sind, kann dies zu Irritationen bei den Betrachtern führen.

Events

Events (englisch für: Ereignis) sind Veranstaltungen, die ein einmaliges emotionales Ereignis darstellen. Sie vermitteln die Botschaft durch direkt erlebbare emotionale und physische Reize, um die Einstellung der Besucher gegenüber dem Unternehmen und seinen Leistungen zu beeinflussen. Durch diese emotionalen Erlebnisse kann sich das Unternehmen von anderen abheben. Events können hervorragend Ihre Bilderwelten in einer rein emotionalen Veranstaltung inszenieren. Events haben drei zentrale Eigenschaften, die Sie für Ihre Bilderwelt nutzen können. Sie sind:

- **Erlebnisorientiert:** Events appellieren an Erlebniswerte, die in der Gefühls- und Erfahrungswelt der Bezugsgruppen verankert sind, wie zum Beispiel Gesundheit, Genuss, Luxus, Nostalgie und Ästhetik. Die bereits durch Ihre Bilderwelt aufgebauten emotionalen inneren Bilder können Sie durch diese Veranstaltungsform hervorragend stärken. Die Emotionalität der Veranstaltung kann Ihnen auch nützlich sein, um Informationen über Ihr Unternehmen in einer angemessenen Bilderwelt zu transportieren, ohne dass Ihre Kommunikationspartner mühsam Texte lesen müssen.

- **Interaktiv:** Hierbei lassen sich die organisatorische Interaktivität und die persönliche Interaktivität unterscheiden.
  - **Interaktivität mit der Veranstaltung:** Die Teilnehmer des Events sind nicht passiv, sondern sie können in das Geschehen eingreifen und seinen Ablauf beeinflussen. Bilderwelten auf Events können beitragen, die Veranstaltung optisch zu lenken und den Teilnehmern die Wahl zwischen unterschiedlichen Optionen zu erleichtern.
  - **Interaktivität zwischen Personen:** Auf Events können sich die Teilnehmer direkt austauschen, zum Beispiel Veranstalter und Teilnehmer oder die Teilnehmer untereinander. Die Bilderwelt kann den Rahmen für diesen persönlichen Dialog abgeben. Wenn der Besucher an das Event zurückdenkt, entsteht vor seinem inneren Auge das angenehme Bild der Veranstaltung und die Erinnerung an den Austausch mit dem Gastgeber in dieser ansprechenden Atmosphäre.
- **Einzigartig:** Jedes Event gibt es nur ein einziges Mal. Selbst wenn drei Events aufeinander folgen, so bleibt jedes Event für sich einzigartig, zum Beispiel durch die Teilnehmer und deren Austausch. Die Einzigartigkeit wird eingefangen in Fotos, die den Besuchern an den Folgetagen zugestellt werden und die noch lange an den Abend erinnern – ebenso, wie die inneren Bilder des Events.

Aber Achtung: Events sind mit Risiken verbunden: So wie sich positive Erlebnisse einprägen, bleiben auch negative als lebendige Bilder stark haften.

Events und Bilderwelten sind eng miteinander verbunden: So ist ein Event hervorragend geeignet, die Bilderwelt bei internen und externen Bezugsgruppen einzuführen, weil diese erlebbar wird und sich stark verankert – nicht zuletzt durch die inneren Bilder des Events. Wenn Sie eine Kernidee für Ihr Event haben, dann können Sie viele Entscheidungen aus ihr ableiten: von den Programmpunkten bis hin zur Tischdecke.

Aus Beliebigkeit wird Zwangsläufigkeit. Lautet Ihre Kernaussage: „Alles aus einer Hand", dann inszenieren Sie diese Aussage in vielen Elementen des Events, damit sich diese Kernaussage durch Wiederholung bei den Teilnehmern verankert. Selbst die Überraschungen, die ein Event haben sollte, um einen Höhepunkt zu setzen, können Sie aus der zentralen Bilderwelt ableiten, zum Beispiel, indem sich eine große Hand öffnet und eine Überraschung preisgibt. Das Event wird selbst zur Bilderwelt.

Weiterlesen

Sehr gute Ideen für eine erlebnisorientierte Gestaltung finden Sie in dem Buch *Marketing spüren. Willkommen am Dritten Ort* von Christian Mikunda.

Abb. 76: Bilder von Events können an starke Erlebnisse erinnern.

Messen

Bei Messen auf sich aufmerksam zu machen, wird immer schwerer. Ihre attraktive Bilderwelt kann hier maßgeblich dazu beitragen, die Messebesucher durch visuelle Reize zu aktivieren und das starke, lebendige und einzigartige Bild des Unternehmens zu vermitteln. Sie können die Standgestaltung direkt aus der Bilderwelt Ihres Unternehmens ableiten: Aufsteller, Broschüren, Tische und Stühle, sogar die Bekleidung der Standbetreuer – sämtliche Elemente können die Besucher Ihrer Bilderwelt zuordnen. Wie im Fall von Events können Sie die Messebesucher multimodal ansprechen, also über alle Sinne. Jedes Jahr können Sie einzelne Elemente verändern, um einerseits das Wiedererkennen zu gewährleisten und andererseits Ihren Besuchern immer etwas Neues zu bieten. Das Schlüsselmotiv können Sie als Blickfänger besonders aufmerksamkeitsstark auf der Messe inszenieren, zum Beispiel indem es besonders groß und farbig ist, oder indem es sich bewegt. Messen können wirkungsvoll Ihre Bilderwelt vermitteln.

Zeitungen und Broschüren

Bilder in Zeitungen und Broschüren können Themen einzigartig im visuellen Stil des Hauses illustrieren. Sie können Kernaussagen vermitteln, die auch wenig Interessierte (Low Involvement) ansprechen. Sie können eine Geschichte erzählen, die aus dem Visual Storytelling des Unternehmens abgeleitet ist beziehungsweise zu diesem beiträgt.

Geschäftsbericht

Im Geschäftsbericht vermitteln die aus der zentralen Bilderwelt des Unternehmens abgeleiteten Motive die Kernaussage des Unternehmens zum abgelaufenen Geschäftsjahr. Ein Kernmotiv ist zum Beispiel das „Wachstum", das durch eine Analogie oder eine Metapher illustriert ist (siehe Kap. C3).

Mitarbeiterzeitung

In der Mitarbeiterzeitung könnte die Bilderwelt den Rahmen für Farben, Formen und Schlüsselbilder setzen. In diesem Rahmen können Sie die Beiträge mit sporadischen Motiven von neuen Maschinen, Gebäuden und Menschen zeigen. Der Inhalt der Zeitung wird zum Teil der gesamten Bilderwelt. Wir haben in Kapitel A5 darauf hingewiesen, dass die Bilderwelt flexibel sein sollte. Dies drückt sich hier deutlich aus: Kein

Mitarbeiter würde gern eine Zeitung lesen, die sich über Jahre hinweg nicht entwickelt, zumal dies die Absicht vieler Unternehmen bezüglich ihrer Flexibilität konterkarieren würde. Daher setzen Sie zum einen die Konstanten Ihrer Bilderwelt ein, die Wiedererkennen und Vertrautheit ermöglichen, und zum anderen Variablen wie Farben, Formen und Motive, die Abwechslung garantieren. Im Folgenden finden Sie einige Ansatzpunkte:

Checkliste: Mitarbeiterzeitung

- ☐ Die Grundfarbe der Mitarbeiterzeitung findet sich in der Farbgestaltung der Bilderwelt wieder.
- ☐ Das Unternehmenslogo ist in der Mitarbeiterzeitung wiederholt abgebildet, zumindest aber erscheint es auf dem Titelblatt.
- ☐ Sie verwenden die Hausschrift, die ebenfalls ein Bestandteil der Bilderwelt sein kann.
- ☐ Die Kernidee der Bilderwelt ist als wiederkehrendes, aber abwechslungsreiches Element in den unterschiedlichen Rubriken der Zeitung zu finden.
- ☐ Strategisch wichtige Unternehmensthemen sind durch das Schlüsselbild illustriert.
- ☐ Die Mitarbeiterzeitung stellt in der Einführungsphase der Bilderwelt und deren späterer Weiterentwicklung Umsetzungsbeispiele vor, etwa Autobeschriftung, Fahnen und Aufkleber.

Das Beispiel der Umsetzung in der Mitarbeiterzeitung weist erneut auf die wichtige Forderung hin, sowohl die Bilderwelt einzusetzen und in den Köpfen der Mitarbeiter zu verankern, aber auch so abwechslungsreich zu gestalten, dass die Mitarbeiter nicht nach kurzer Zeit von der Bilderwelt gelangweilt sind. Um dies zu vermeiden, sollten Sie den Einsatz der Bilderwelt schon einige Jahre im Voraus planen und für jedes Jahr einen neuen Schwerpunkt festlegen.

Imagebroschüre

Die klassische informierende Imagebroschüre wird sich verändern:

- Aufgrund der Informationsüberflutung wird das Interesse von Bezugsgruppen an Unternehmen weiter abnehmen. Sie werden immer weniger bereit sein, ausführliche Texte über das Unternehmen zu lesen.
- Aufgrund der schnellen Veränderungen in den Unternehmen sind Imagebroschüren nicht über mehrere Jahre aktuell. Geschäftsbereiche ändern sich, ebenso die Menschen und die Projekte.
- Für Unternehmen wird es immer schwerer zu entscheiden, ob sie sich so darstellen, wie sie sind, aber nicht mehr sein wollen oder so, wie sie sein wollen, aber noch nicht sind. Den einzigen Ausweg bieten aktualisierbare Medien, die den Wandel der Unternehmen darstellen können. Das Internet und der Geschäftsbericht werden hierbei die essenziellen Rollen spielen. Die Konsequenz daraus ist:

Die klassische Imagebroschüre wird sich von der Infobroschüre zur vorwiegend visuellen Visitenkarte des Unternehmens entwickeln – Bilder werden schließlich durch Kernbotschaften nur noch ergänzt.

Bilderwelten in der Werbung

Bilderwelten sind das A und O in der Werbung. Warum? Weil sich die Erkenntnis durchgesetzt hat, dass sie wesentlich die Kaufbereitschaft stimulieren können. Wie funktioniert das? Stehen wir vor einer Entscheidung, stellt sich das Gehirn vor, wie es sich körperlich anfühlt, wenn wir die Entscheidung in die Tat umsetzen. Bilder in der Werbung zeigen dies: Das Lecken an Eiscreme, das Genießen der Fahrt in einem BMW oder die Entführung in die Welt von Raffaello. Sie erinnern sich an das Zitat des Sozialpsychologen Joachim Bauer in Kapitel D1: „Jedes Mal, wenn eine Handlung geplant oder realisiert wird, treten im Gehirn Nervenzellennetze in Aktion, die registrieren, wie sich ihre Umsetzung in die Tat körperlich anfühlen würde" (Bauer 2006: 41). Um sicherzugehen, dass wir eine gute Entscheidung treffen, lassen wir das zu erwartende Gefühl in uns entstehen.

Bilder in der Werbung greifen oft eine Sehnsucht von Menschen auf: Die Sehnsucht, geliebt zu werden und Teil einer harmonischen Gemeinschaft zu sein (Coca-Cola, Miracoli), die Sehnsucht, Spaß und Abenteuer zu erleben (Red Bull, Ikea, Apple), die Sehnsucht, etwas zu bewegen und überlegen zu sein (Audi: „Vorsprung durch Technik") und die Sehnsucht nach Freiheit (Hypovereinsbank: „Leben Sie – wir kümmern uns um den Rest"). Im Unterschied zu den Public Relations müssen die Bilder in der Werbung nicht den Tatsachen entsprechen. Die Sehnsucht steigert sich, wenn die Bilder inszeniert sind und oft mit der Realität überhaupt nichts mehr zu tun haben. Dies beginnt bei den retuschierten Models, geht über Eiweiß als angeblichem Schaum auf dem Bier bis zu gesprühtem Wasser auf dem Bierglas als Zeichen der Frische. Mon Cherie und die Piemont-Kirsche? Die wird man in der Provinz Piemont nicht finden. Sie ist eine Marketing-Erfindung der Firma Ferrero, gegründet 1946 in Alba im Piemont. „Porentief rein"? Meine Wäsche hat keine Poren. Carmagnola Minze in TicTac?

Bilder in der Werbung greifen oft eine Sehnsucht von Menschen auf. Im Unterschied zu den Public Relations müssen die Bilder in der Werbung nicht den belegbaren Tatsachen entsprechen.

Fazit

- Für die Entwicklung der Bilderwelt lassen sich viele Kreativitätstechniken nutzen.
- Für abstrakte Themen eignet sich die Erzählleiter.
- Bilderwelten eignen sich besonders für Dienstleister, die keine Produkte als physischen Vertrauensanker haben.
- Vorhandene Bilder lassen sich mithilfe vieler wissenschaftlicher Erkenntnisse optimieren.
- Bilderwelten lassen sich in der persönlichen Kommunikation einsetzen und auch in der medialen, also der Print- und der digitalen Kommunikation.

G4 BILDERWELTEN UND DIGITALISIERUNG

Aufgrund der großen Bedeutung der Digitalisierung für Bilder folgt nun ein eigenes Kapitel zu diesem Thema. In diesem Kapitel erfahren Sie:

- welche Bedeutung die Digitalisierung für Ihre Bilderwelt hat;
- wie Sie die Digitalisierung für Ihre Bilderwelt nutzen können;
- wie Sie Bilder in digitalen Medien wirkungsvoll einsetzen können.

Digitalisierung in der Gesellschaft

Die Digitalisierung in der Gesellschaft schreitet rasant voran: Was in den 1970er-Jahren mit Computer und E-Mail begann, umfasst heute selbstfahrende Autos, intelligente Kühlschränke und 3D-Drucker, die künftig sogar Haut, Knochen und menschliche Organe herstellen. Social Media haben die Kommunikation zwischen Menschen in der Gesellschaft grundlegend verändert. Treiber der Digitalisierung sind Technologien wie:

- Biotechnologie
- Neuro- und Nanotechnologie
- Neue Energien und Nachhaltigkeit
- Informations- und Kommunikations-Technologie (IKT) und mobile Technologien
- Sensorik
- 3D-Printing
- „Künstliche Intelligenz"/Maschinelles Lernen
- Robotik
- Drohnen

Bilder und Digitalisierung

Die Beschäftigung mit Bildern in Zeiten der Digitalisierung hat im Wesentlichen zwei Ausprägungen. Zum einen geht es um die Dokumentation der Entwicklungen durch neue Technologien: Im Bereich Mobilität werden wir künftig Bilder von selbstfahrenden und fliegenden Autos sehen, von Fahrzeugen mit unterschiedlichen Antrieben. Bilder, die einzigartige Erlebnisse auslösen von sozialer Verantwortung, Klimaschutz, Fürsorge etc. Sie spiegeln also die Entwicklung der Technologien und die Auswirkungen auf das Denken, Fühlen und Handeln von Menschen wider. Die zweite Auswirkung der Digitalisierung auf Bilderwelten ist, dass die sich rasant entwickelnden Technologien völlig neuartige Möglichkeiten eröffnen, sich an der Gestaltung von Bilderwelten zu beteiligen: an deren Erstellung, Bearbeitung, Verteilung und Bewertung. Nur ein Beispiel sind Smartphones, deren Kameras über sehr hohe Bildqualität verfügen und die mit einfach zu bedienenden Bildverarbeitungsprogrammen vernetzt sind, um Bilder kreativ zu gestalten und zu verteilen. Aus diesen beiden Anwendungsbereichen ergeben sich folgende zentrale Fragen:

- Wie wird sich die Digitalisierung in den kommenden Jahren entwickeln?
- Welche Auswirkungen hat dies für Unternehmen?
- Welche Rolle spielt die Digitalisierung für Bilderwelten?

Wenden wir uns zunächst den Entwicklungen der Technologien zu.

Abb. 77: Durch mobile Endgeräte sind Bilder jederzeit und an jedem Ort verfügbar.

Entwicklungen durch Digitalisierung

Für den Blick in die Zukunft sind Megatrends aufschlussreich. Megatrends sind Tiefenströmungen des Wandels, die Gesellschaft, Unternehmen und Menschen tiefgreifend und langfristig verändern – Einstellungen, Verhaltensweisen und Mechanismen.

Das Zukunftsinstitut als eine von vielen Einrichtungen, die sich mit Megatrends beschäftigen – führt zwölf Megatrends auf, die die Gesellschaft fundamental verändern (www.zukunftsinstitut.de):

1. **Megatrend Gender Shift:** Veränderte Rollenmuster und aufbrechende Geschlechter-Stereotype sorgen für einen radikalen Wandel in Wirtschaft und Gesellschaft hin zu einer neuen Kultur des Pluralismus.
2. **Megatrend Gesundheit:** Gesundheit als Fundamentalwert hat sich in den letzten Jahren tief verankert und ist zum Synonym für hohe Lebensqualität geworden. Als zentrales Lebensziel prägt der Megatrend sämtliche Lebensbereiche.
3. **Megatrend Globalisierung:** Der Megatrend Globalisierung bezeichnet das Zusammenwachsen der Weltbevölkerung. Wissenschaft und Wirtschaft, Kultur und Zivilgesellschaften befinden sich weltweit in zunehmend engerem freien Austausch der Ideen, Talente und Waren.
4. **Megatrend Individualisierung:** Selbstverwirklichung, persönliche Wahlfreiheiten und individuelle Selbstbestimmung steigen.
5. **Megatrend Konnektivität:** Vernetzte Kommunikationstechnologien verändern Leben, Arbeiten und Wirtschaften grundlegend. Sie bringen neue Lebensstile, Verhaltensmuster und Geschäftsmodelle hervor.
6. **Megatrend Mobilität:** Beschreibt die Entstehung einer mobilen Weltkultur, Veränderungen durch neue Produkte und Services sowie die künftige Nutzung von Verkehrsmitteln.
7. **Megatrend Neo-Ökologie:** Ist ein neues Werte-Set, das in jeden Bereich des Alltags hineinreicht. Das Nachhaltigkeitsparadigma reprogrammiert die Codes der globalen Gesellschaft, der Kultur und der Politik – und richtet unternehmerisches Handeln sowie das gesamte Wirtschaftssystem fundamental neu aus.
8. **Megatrend New Work:** Die Sinnfrage von Arbeit rückt in den Vordergrund. Die Grenzen zwischen Leben und Arbeiten verschwimmen im Alltag auf produktive Weise.

9. **Megatrend Sicherheit:** Im 21. Jahrhundert wird die Frage, was Sicherheit bedeutet und wer sie verantwortet, grundsätzlich neu verhandelt. Das Thema Resilienz gewinnt kontinuierlich an Relevanz.
10. **Megatrend Silver Society:** Weltweit werden Menschen älter und bleiben hierbei länger fit. Der Megatrend „Silver Society" beschreibt die vielfältigen Auswirkungen dieses demografischen Wandels.
11. **Megatrend Urbanisierung:** Immer mehr Menschen leben weltweit in Städten und machen sie zu den wichtigsten Lebensräumen der Zukunft.
12. **Megatrend Wissenskultur:** Der globale Bildungsstand wächst auf hohem Niveau fast überall weiter. Bildung wird digitaler.

Bilderwelten werden die Entwicklung von Megatrends und deren Verbindungen untereinander dokumentieren – sie haben aber auch tiefgreifende Konsequenzen für das Denken, Fühlen und Handeln der Mitglieder der Gesellschaft. Menschen müssen sich im virtuellen Sitzungskontext zum Beispiel auf andere Analysetechniken für die Reaktionen ihrer Gesprächspartnerinnen und -partner einstellen, damit sie zustimmende oder ablehnende Einstellungen zu Vorschlägen und Aussagen interpretieren können. Ergebnisse werden mit anderen Mitteln präsentiert und kreative Prozesse finden mit einer Unterstützung durch elektronische Medien statt, sodass sie vollkommen anders ablaufen. Durch die sich rasant entwickelnden Technologien wird sich die Bilderwelt unserer Kultur in immer kürzeren Zeiten ändern.

Aufgaben der Unternehmenskommunikation

Orientierung in der digitalen Bilderflut

Die Unternehmenskommunikation sollte den Bezugsgruppen ein klares Vorstellungsbild des Unternehmens im digitalen Wandel ermöglichen: Woher kommen wir? Wo stehen wir heute? Wohin geht die Reise? Was bedeutet dies für sie? Die Bezugsgruppen wissen dann, wofür das Unternehmen steht, was sie von ihm erwarten können und was nicht. Sie wissen, was bleibt und was Halt und Orientierung gibt. Sie wissen, was sich ändert. Sie können diese Vorstellungen bewerten und entscheiden, ob sie die Transformation unterstützen, weil sie diese begrüßen.

Entwicklung eines Selbstverständnisses

Das Beispiel des Selbstverständnisses: Durch die zunehmende Digitalisierung, aber auch durch weitere Marktentwicklungen, ändern die Unternehmen ihr Selbstverständnis. Ein Beispiel sind klein- und mittelständische Unternehmen, die Global Player werden. Ein weiteres Beispiel sind Druckereien, die heutzutage eher IT-Unternehmen sind. Auch durch neue Geschäftsmodelle und Kundenbeziehungen ändern die Firmen ihr Selbstbild. Die Unternehmenskommunikation kann diesen Prozess begleiten und allen Bezugsgruppen ein klares Vorstellungsbild des aktuellen Kenntnis- und Entwicklungsstandes ermöglichen. Die Herausforderung dabei ist: In der digitalen Transformation ändern sich viele Dinge in sehr schneller Zeit. Die Aufgabe der Unternehmenskommunikation ist es, in dieser enormen Dynamik ein klares Vorstellungsbild bei den Bezugsgruppen zu erzeugen und kontinuierlich zu entwickeln. Ziele, vor allem die langfristigen, dienen als Korridor, der sich schnell und gravierend ändern kann. Das klare Vorstellungsbild in Zeiten der Digitalisierung kann nur darin bestehen, zu wissen, woher das Unternehmen kommt, wo es heute steht und in welche Richtung es aus aktueller Sicht gehen wird und warum. Hierfür ist Prozesskommunikation sehr geeignet, das heißt: Sage, was Du weißt. Sage, was Du nicht weißt. Sage, wann Du das weißt, was Du noch nicht weißt. Unsicherheit wird unvermeidlich bleiben. In dieser Situation wird Vertrauen immer wichtiger.

Vertrauen

Die große Unkenntnis von Begriffen und Konzepten und die große Ungewissheit über die Entwicklung der Digitalisierung lässt das Vertrauen in das Unternehmen und seine Führung noch wichtiger werden. Ein Beispiel ist Big Data: Big Data umfasst Konzepte, Methoden, Technologien, IT-Architekturen sowie Tools, mit denen sich Informationen wirtschaftlich nutzen lassen. Das Beispiel Medizin (Health Care): Weltweit lassen sich Informationen über Krankheiten, deren Behandlungsformen und Erfolgsquoten zusammentragen, um Krankheiten bestmöglich vorzubeugen oder zu behandeln. Mithilfe neuer Analyseverfahren lassen sich aus Daten wertvolle Informationen gewinnen, mit denen Unternehmen ihre wirtschaftlichen Ziele schneller und kostengünstiger erreichen oder ihre Wettbewerbsposition verbessern können. Darüber hinaus helfen sie Entscheidern dabei, ihre Kunden besser zu verstehen und Produkte und

Services schneller und gezielter an den passenden Märkten zu platzieren. Big Data bietet einerseits große Potenziale für künftige Geschäftsmodelle, andererseits löst es sehr widerstreitende Gefühle bei den Menschen aus – diese Gefühle schwanken zwischen Allmachtsfantasien und Bedenken: Allmachtsfantasien, wenn es darum geht, über alle Neuigkeiten auf der Welt Bescheid zu wissen und mit vielen Menschen weltweit sprechen zu können, selbst an den entlegensten Orten. Die Bedenken betreffen den Umgang mit (persönlichen) Daten, die Privatsphäre und die Kontrolle, die mächtige Player ausüben könnten. In dieser Situation brauchen die Bezugsgruppen besonders viel Vertrauen in das Unternehmen. Vertrauen meint, dass das wahrgenommene Risiko sinkt, von Unternehmen enttäuscht zu werden. Das Gegenteil von Vertrauen ist Angst. Dem Aufbau von Vertrauen dienen daher alle Maßnahmen, die Unsicherheit abbauen. Hierzu gehört das klare Vorstellungsbild von der Haltung des Unternehmens zu diesen Themen und die Aufklärung über den sorgfältigen und verantwortungsbewussten Umgang mit den Kundendaten. Hilfreich hierbei sind Selbstverpflichtungen des Unternehmens (Policies), die verbindlich sind und eingefordert werden können. Auch das überzeugende Vorleben durch das Management kann Unsicherheit abbauen und Vertrauen schaffen.

Inszenierung in digitalen Medien

Der Bildeinsatz in digitalen Medien gehört in vielen Unternehmen zum Tagesgeschäft – auf der eigenen Website, im Intranet, in Foren und in Social Media. Das Internet breitet sich weltweit durch technologische Entwicklungen, Öffnung von Märkten etc. immer weiter aus. Neue Anwendungen und Endgeräte wie Wearables kommen auf den Markt. Jedoch ist vielen Kommunikationsprofis unklar, welchen einzigartigen Beitrag digitale Medien und digitale Technologien leisten können: Wo sind online und offline die Unterschiede? Wo sind Gemeinsamkeiten? Wo sind Stärken, wo Schwächen, was spricht für online, was für offline?

Wer mit seiner Bilderwelt in digitalen Welten erfolgreich sein möchte, sollte folgende Fragen beantworten:

- Welche Besonderheiten ergeben sich bei der Nutzung digitaler Inhalte auf verschiedenen Endgeräten?
- Wie tragen digitale Technologien wie Augmented Reality, Virtual

Reality, Bluetooth, Artificial Intelligence, QR-Codes zum Bildeinsatz bei?
- Wie schöpfen wir die Potenziale für unsere Bilder aus?
- Wie können wir Erlebnisse aufbauen und kontinuierlich entwickeln? Wie steigern sie den Unternehmenswert?

Bildeinsatz online und offline

Die unklare Verwendung von Bildern in digitalen Medien und die fehlende Koordination mit den offline eingesetzten Bildern kann zu folgenden Problemen führen:

- Viele Bilder entsprechen in digitalen Medien nicht der Offline-Welt. Dies verwirrt die Bezugsgruppen.
- Viele Seiten sind austauschbar und langweilig. Die Folge: Besucher bleiben nur kurz.
- Erlebnisse gibt es kaum. Dabei sind gerade sie so wichtig, um sich von anderen Unternehmen zu unterscheiden und Kunden dauerhaft zu binden.
- Viele Bilder scheitern an kulturellen Unterschieden: Facebook und Twitter sind bei uns verbreitet und beliebt – in anderen Teilen der Welt nicht. Dort wiederum gibt es andere Netzwerke mit einem anderen Umgang der User untereinander.

Fasst man die Fehler zusammen, können folgende Schwerpunkte ausgemacht werden:

- Unternehmen denken zu sehr von der Offline-Welt aus: Sie übertragen die klassischen Bilder in digitale Medien, ohne die Besonderheiten derselben zu beachten. Solche Angebote bieten keinen Mehrwert und sind deshalb nicht attraktiv. Sie wiederholen nur das, was alle schon kennen. Man darf nicht vergessen: Andere Medien, wie das Fernsehen und das Radio, haben sich nur deshalb durchgesetzt, weil sie etwas Neues zu bieten hatten!
- Die Unternehmen denken zu sehr von der Online-Welt: Sie reizen die Technik aus, aber das Unternehmen kommt zu kurz – die Bilder stimmen nicht mit dem überein, was die Nutzer aus der klassischen Unternehmenskommunikation kennen. Ein Beispiel ist die Edeka-Werbung auf YouTube, die zwar unterhaltsam ist, aber nicht zu Edeka passt. Dies schwächt den Markenkern mehr, als dass es ihn stärkt.

Tesla und Zalando sind erfolgreiche Unternehmen, die attraktive Bilder zeigen. Welche Bilder zeigt Tesla im Internet bezüglich seines rasanten Übergangs zu nachhaltiger Energie? Wie erweckt Zalando seine Bilder des Einkaufs in Online-Medien zum Leben? Welche Besonderheiten haben digitale Medien im Internet, auf Smartphones und in anderen digitalen Medien? Wozu tragen digitale Technologien wie Augmented Reality, Virtual Reality, Bluetooth, QR-Codes einzigartig bei? Wie lassen sich diese Besonderheiten als Potenziale voll ausschöpfen? Wie lassen sich Erlebnisse aufbauen und kontinuierlich entwickeln?

Die vier Besonderheiten

Beim Einsatz von Bildern in und mit digitalen Medien und digitalen Technologien gelten vier Besonderheiten („Big Four"): Integration, Verfügbarkeit, Vernetzung, Interaktivität.

Integration

Bilder in der Unternehmenskommunikation haben sich zunächst auf die Unternehmens-Website beschränkt. Mittlerweile sind diese nicht nur im Internet und auf digitalen Endgeräten zu sehen – vielmehr zählen heute auch digitale Schauräume, dreidimensionale Plakate, interaktive Angebote im Stadtraum sowie digitale Litfaßsäulen dazu. Wichtige Technologien sind 3D-Hologramme, interaktive Bildschirme, Bluetooth, QR-Codes oder Augmented Reality. Digitale Medien zeichnen sich durch die hochgradige Integration unterschiedlicher Bausteine aus:

- **Geräte:** Laptops, Smartphones, Smartwatches, Wearables etc.
- **Plattformen:** Unternehmens-Websites sind mit anderen Websites verbunden.
- **Dienste und Technologien:** Auf Plattformen lassen sich E-Mail, Telefonie, Chats, QR, Bluetooth, Messenger (Bots) bis hin zu Augmented Reality und Virtual Reality integrieren.
- **Anwendungen** wie Blogs und Microblogs, Wikis, Themenportale, Plattformen für das Teilen von Videos, Fotos, Audiofiles, Social-News-Seiten etc.
- **Kommunikationsdisziplinen:** Eine Unternehmens-Website kann bisher getrennte Disziplinen zusammenführen, wie Werbung mit VideoAds, die digitale Pressemappe sowie Verkaufsförderung im E-Shop.

- **Medienobjekte** sind zum Beispiel ein Blogbeitrag, ein Tweet auf Twitter, ein Video auf YouTube oder ein Foto auf Facebook, die untereinander verlinkt sind und eine Geschichte erzählen.

Die Bausteine sind vernetzt und können miteinander kommunizieren. Gemeinsam bilden sie ein komplexes System – den digitalen Kosmos.

Verfügbarkeit

Bilder sind nahezu unbegrenzt jederzeit und überall verfügbar, was Cloud Computing unterstützt. Eine neue, spezielle Art des Bildeinsatzes ist das „Location Based Storytelling", also das ortsgebundene Erzählen von Geschichten. Der User ist an einem realen Ort, wo er in die Geschichte einsteigt und an ihr teilnimmt. Wichtig dabei ist: Er muss etwas tun oder er lässt etwas geschehen. Beispiel: Kurz vor dem 25-jährigen Jubiläum des Mauerfalls in Berlin wurde eine App entwickelt mit dem Ziel, die Geschichte der Teilung der deutschen Hauptstadt an realen Orten mit Zusatzinfos erlebbar zu machen. Die App bringt den User an Originalschauplätze und sorgt mit Filmmaterial und Fotos aus der Vergangenheit für ein besonderes visuelles Erlebnis. Der User muss die in der Karte markierten Orte in Berlin besuchen und das Handy wie beim Fotografieren in Richtung des Ortes richten. Die App erkennt den Ausschnitt und blendet die Videos und Fotos mit den historischen Zeitdokumenten ein. Eine weitere Besonderheit kann geboten werden: Wir können dem User personalisierte, seinen Wünschen und der Situation entsprechende Geschichten anbieten. „Mobisodes" zum Beispiel sind Video-Serien, extra hergestellt für mobile Endgeräte. Sie werden aus vorhandenem Material zusammengeschnitten und mit Zusatzmaterial angereichert, um den Reiz für den Download zu erhöhen. Das kleine Display erfordert kurze, einfache Sätze und Dialoge, als Abkürzungen werden Smileys verwendet.

Abb. 78: Unsere Bilder sind durch mobile Endgeräte vernetzt.

Der Einsatz von Bildern zu jeder Zeit und an jedem Ort hat Auswirkungen auf das Wissen, das wir über den User brauchen, speziell über dessen Bedürfnisse, Stimmungen und Verhaltensweisen. Immerhin macht es einen Unterschied für das gewünschte Erlebnis des Users, ob ich Bilder entspannt am Strand anschaue oder in einer dunklen U-Bahn mit fremden Menschen. Wie schwierig es ist, solche Informationen über das aktuelle Befinden des Users zu erhalten, zeigen folgende fünf Kriterien, die den User beeinflussen:

- **Ort:** Wo befindet sich der User (zu Hause, Geschäft, Büro etc.)?
- **Soziale Umstände:** Sind andere Personen anwesend (Familie, Freunde etc.), die den User beeinflussen könnten?
- **Zeit:** Diese umfasst die Tageszeit bis hin zur Jahreszeit am Zeitpunkt der Kommunikation. Relevant ist auch, ob der User gerade unter Zeitdruck steht.
- **Ziele:** Was bewegt den User in der momentanen Situation? Ist er beispielsweise gerade auf der Suche nach einem passenden Geschenk für sich oder für einen Bekannten?
- **Vorheriger Zustand:** Vorhergehende Erlebnisse können die Stimmung des Users positiv oder negativ beeinflussen.

Überdies können auf jeder Ebene viele weitere Einzelfaktoren hinzukommen. Um die Wissenslücke über den User in Situationen zu schließen, können schon heute digitale Endgeräte über eingebaute Sensoren wichtige Situationsfaktoren eines Gesprächspartners automatisiert beobachten, z.B. dessen Stimmung. Bilder können dann dem Befinden gemäß eingespielt werden.

Künftig werden Unternehmen noch stärker erforschen müssen, wie sich ihre Bezugsgruppen in bestimmten Situationen verhalten. Dies kann sich je nach Persönlichkeit des Users stark unterscheiden: Handelt es sich um einen eher auf Sicherheit bedachten Menschen oder kann ihn in bestimmten Situationen das Risiko reizen? Ist er umgänglich oder kann er unter Umständen auf Macht und Durchsetzung seiner Interessen in einem Konflikt mit dem Unternehmen bedacht sein?

Vernetzung

Für digitale Medien und digitale Technologien bedeutet Konnektivität, dass Geräte (Laptops etc.) untereinander vernetzt sind, aber auch mit Anwendungen wie Suchmaschinen und Medien wie ein YouTube-Video. Das System aus Geräten, Anwendungen, Technologien, Medien etc. bildet ein „Supersystem aus Systemen". Durch die Vernetzung in diesem Supersystem erscheinen Bilder auf Facebook, die mit Instagram verlinkt sind, Videos auf YouTube und TikTok. Durch Vernetzung können User Bilder und Videos millionenfach weiterreichen und sich gegenseitig aufeinander beziehen.

Die Vernetzung ist eine jener Eigenschaften, die wir besonders gut nutzen können:

- **Bilder in Medienobjekten:** Bilder in einem YouTube-Video, auf einer Facebook-Site, in einem Tweet, auf Instagram und Snapchat. Zu den Medienobjekten gehören Online-Videos und Blogs. Durch Empfehlungen und Weiterschicken können sich die Videos schnell als „Virals" verbreiten.
- **Vernetzung von Anwendungen und Medienobjekten:** Eine Kampagne beginnt auf einer Facebook-Seite, setzt sich über Twitter fort und endet auf YouTube.
- **Vernetzte Inhalte online und offline:** Bilder in digitalen Medien können mit Bildern außerhalb digitaler Medien verbunden sein.

- **Transmedia:** Hier werden die integralen Elemente der Bilderwelt systematisch über viele Kommunikationskanäle. Die Bilder sind nach den Besonderheiten der Kanäle strukturiert. Sie sind in persönlicher Kommunikation, in Printprodukten sowie in digitalen Medien erhältlich.

Interaktivität

Eng verbunden mit Integration und Vernetzung ist die Interaktivität. Hier geht es um die Interaktion zwischen Mensch und Maschine sowie um die Interaktion zwischen mehreren Menschen untereinander. Bei der technischen Interaktivität reagieren die digitalen Medien auf den User; bei der persönlichen Interaktivität reden Menschen miteinander. Es gibt jedoch weitere Formen:

Mensch-Maschine-Interaktion: Der Nutzer bestimmt Art, Inhalt, Zeitpunkt, Dauer, Folge und Häufigkeit seines Bildabrufs weitgehend selbst. Bilder und Geschichten kann er seinen Interessen, Wünschen und Bedürfnissen anpassen, indem er Bausteine auswählt (Geräte, Technologien, Dienste, Medienobjekte etc.). Einige Beispiele dazu sind:

- **Bildergalerien** können Texte durch spannende Fotos ergänzen oder die Geschichte mit Fotos und Bildtexten erzählen.
- **Audio-Slideshows** bieten zusätzlich O-Töne von Protagonisten, passende Geräusche und Musik.
- **Gigapans** lassen den User in übergroße, hochauflösende Panorama-Bilder hineinzoomen und interessante Details näher betrachten.
- **Infinity-Fotos** bestehen aus vielen Fotos, in die der User hinein und aus denen er hinaus zoomen kann.
- **Mikrotexte** verweisen auf weitere Inhalte, wie einen Link-Titel und Kurzteaser zu Artikeltexten, Videos, Audios oder anderen Elementen.
- **Interaktive Zeitleiste** ermöglichen es dem User, über anklickbare Bilder- oder Zahlenreihen navigieren.
- **Multiperspektivische Geschichte** sind inhaltlich und optisch gebündelt und non-linear verbunden. Mehrere Perspektiven der Handelnden sind möglich.

Mensch-Mensch-Interaktion: Hiermit ist jeglichen Austausch zwischen Menschen gemeint. Persönliche Interaktion ermöglicht das Aufbauen einer persönlichen Beziehung zu wichtigen Bezugsgruppen. Diese ist für das Entstehen von Vertrauen essenziell und lädt das Unternehmen emotional auf. Nutzer können gemeinsam Bildgeschichten entwickeln, teilen und kommentieren.

Mensch-Inhalt-Interaktion: Der Nutzer kann die Bildgeschichte beeinflussen, in die Handlung eingreifen und nach seinen individuellen Wünschen gestalten. Die Frage lautet: Sucht sich der Nutzer seine Bildgeschichte aus (Mensch-Maschine-Interaktion) oder erzählt er sie selbst (Mensch-Inhalt-Interaktion)? Eine weitere Form der Beteiligung ist die „Fanfiction“. Dabei geht es um Bilder und Geschichten, die von Fans eines Films, Buches oder Computerspiels erstellt werden, welche die Protagonisten in einer neuen Handlung darstellen. Das bekannteste Beispiel dafür ist die Harry Potter Fanfiction. Wie könnte der Nutzer die Bildgeschichte beeinflussen? Der Beginn kann vorgegeben sein, die Nutzer ergänzen sie oder erzählen sie weiter. Die beiden erzählerischen Pole befinden sich auf der Seite der Unternehmen oder der Nutzer.

Digitale Bühnen

Zu den digitalen Medien zählen längst nicht mehr nur Internet und mobile Endgeräte, sondern eine Vielzahl weiterer Anwendungen wie zum Beispiel dreidimensionale Plakate. Es geht um Bilder im digitalen Kosmos (Story Environments). Bilder in digitalen Medien haben daher drei Geltungsbereiche: Sie können sich auf ein Medienobjekt beziehen, sie können in mehreren Medienobjekten stattfinden und sie können sich außerhalb digitaler Plattformen fortsetzen:

- **Bilder in digitalen Medienobjekten:** Wie z.B. einem YouTube-Video, einem Tweet auf Twitter oder einem Instagram-Post.
- **Bilder über Medienobjekte hinweg:** Inszenierung von Bildern über mehrere Medienobjekte hinweg, zum Beispiel im Rahmen von Kampagnen: Sie beginnen auf einer Facebook-Seite, setzen sich über Twitter fort und enden in einem Video auf YouTube.
- **Bilder online und offline:** Digitale Geschichten und Bilder können mit Plattformen außerhalb digitaler Medien verbunden sein. So kann sich eine Geschichte, die über mehrere digitale Medienobjekte führt, außerhalb der digitalen Medien fortsetzen, z.B. in einem Unternehmen, das für die Geschichte wichtig ist.

Die Besonderheiten der digitalen Medien – Integration, Verfügbarkeit, Vernetzung und Interaktivität – lassen sich also für die Inszenierung der Bilderwelt nutzen. Digitalisierung bedeutet mehr als Automatisierung und den Einsatz von Technik – sie löst vielmehr Entwicklungen in der Kultur einer Gesellschaft aus. Der Begriff der Kultur steht für das Denken, Fühlen und Handeln einer Gesellschaft. Beispiel SpaceX: Das US-amerikanische Raumfahrt- und Telekommunikationsunternehmen wurde mit dem Ziel gegründet, Technologien wie das Starship-Raketenprojekt zu entwickeln, die es ermöglichen sollen, den Mars zu kolonisieren und das Leben auf anderen Planeten zu verbreiten.

- **Denken:** Welche konkreten Pläne gibt es? Was sind die Vorteile und Nachteile? Welche Konsequenzen könnten für die Bevölkerung des Mars entstehen?
- **Fühlen:** Wie finden die Menschen das Vorhaben? Welche Meinungen haben sie? Auf welche gefestigten Einstellungen treffen die Pläne?
- **Handeln:** Unterstützen Menschen das Vorhaben durch ihr eigenes Verhalten? Falls sie es nicht unterstützen: In welcher Form zeigen sie Widerstand?

Wichtige kulturelle Entwicklungen

Zu den wichtigsten Neuerungen im Hinblick auf Bilderwelten gehören:

- **Völlig neuartige Bilderwelten entstehen:** Sie zeigen Konzepte wie „Smart City" und „Sharing Economy". Bilder der Entwicklung von Mobilität sind sichtbar durch fahrerlose Autos und LKWs sowie fliegende Taxis.
- **Neues Verhalten:** In Zeiten der Digitalisierung ist der User aktiv – er klickt, was er sehen und wie er handeln möchte. Durch das aktive Aufrufen von Informationen verläuft der größte Teil der digitalen Kommunikation als Pull-Kommunikation.
- **Neue Rollen:** Der Umgang mit Bildern bezieht den User in die Mediengestaltung ein: User erstellen Inhalte, publizieren sie, ändern sie, diskutieren sie. Bei allem steuert er aktiv sein Verhalten.
- **Neue Kultur:** Bilder gewinnen ein Eigenleben, das sich dem Zugriff und der Kontrolle entzieht.
- **Neue Interaktionen:** In engem Austausch reden User miteinander, sie lernen und sind gemeinsam kreativ.

Abb. 79: Gemeinsame Gestaltung von Bildern.

Abb. 80: Virtuelle Welten gehören zur Zukunft der Bildkommunikation.

Das Interesse an digitalen Medien wird auch künftig zunehmen. Dies zeigt sich in der Umverteilung der Kommunikationsbudgets auf digitale Kanäle. Welche Entwicklungen könnten noch eintreten? Einige Thesen:

- **Neue Technologien:** Die Entwicklung von Technologien erfolgt nicht linear, sondern exponentiell. Schon heute gehören Augmented und Virtual Reality zum festen Bestandteil der Bilderwelt von Unternehmen, wie die Beispiele von virtuellen Rundgängen in Unternehmen, Produktionsanlagen und Forschungslaboren zeigen. Auf dem Vormarsch sind Hologramme, die Menschen oder Gegenstände in den Raum projizieren. Stark entwickeln werden sich virtuelle Welten, in die User immersiv abtauchen und ein Erlebnis über alle Sinne haben.

- **Mobilität:** Durch die Zunahme von mobilen Endgeräten und Wearable Electronics werden mobile Bilderwelten immer wichtiger. Unternehmensgeschichten werden an Orten inszeniert, die der User besuchen kann und an denen er Erlebnisse mit anderen Usern teilen kann.
- **Affective Computing:** Seit Jahren versucht die Forschung, den Menschen die eigene Gefühlswelt mithilfe des Computers näherzubringen. Heute schon können Anwendungen aufgrund von Mimik, Kopfhaltung und Stimme auf die Gefühlslage einer Person schließen. Dies können Bilder berücksichtigen, die nach den jeweiligen situativen Gefühlen der User eingespielt werden.
- **Fanfiction:** Durch persönliche Interaktivität können Gemeinschaften in digitalen Umgebungen entstehen. In solchen Communitys können User ihre Bilder mit anderen austauschen und so entwickeln, dass sie direkt in die Unternehmenskommunikation einfließen.

Die Potenziale der Digitalisierung für Bilderwelten optimal zu nutzen, erfordert spezielle Fähigkeiten und Fertigkeiten, die als „Digital Literacy" bezeichnet werden. Sie beinhaltet das Erwerben und Nutzen von Wissen, Techniken, Haltungen und persönlichen Fähigkeiten. Diese Kenntnisse werden zu den grundlegenden Skills von Menschen gehören, die mit Bildern kommunizieren wollen.

Fazit

- Bilderwelten unterstützen die Unternehmenskommunikation in der Digitalisierung. Sie machen Innovationen und die dadurch entstehenden einzigartigen Kundenbedürfnisse anschaulich.
- Die Digitalisierung lässt sich auch für Bilderwelten nutzen, vor allem durch die Besonderheiten von Integration, Verfügbarkeit, Vernetzung und Interaktivität.

H

KONZEPT FÜR CORPORATE IMAGERY

In diesem Kapitel erfahren Sie,

- wie Sie den Prozess des Corporate Imagery Managements systematisch und langfristig gestalten können;
- welche Rolle Corporate Imagery im übergeordneten Prozess der Gestaltung der Corporate Identity spielt;
- mit welchen Methoden und Instrumenten Sie die Bildwirkung messen können.

Dieses Kapitel stellt Ihnen den Prozess der Konzeption Ihrer Bilderwelt vor. Die Konzeption ist der schriftliche Plan, wie Sie Ihre Bilderwelt aufbauen und kontinuierlich entwickeln. Sie erhalten Tipps, auf was Sie besonders achten sollten. Checklisten stellen Ihnen den Prozess im Überblick vor.

H1 START UND VORBEREITUNG

Der Anstoß zum Entwickeln der Bilderwelt des Unternehmens kommt meist von der Unternehmenskommunikation, da diese für die Innen- und Außendarstellung zuständig ist. Der Verantwortliche bereitet hierzu eine beschlussfähige Vorlage für die Geschäftsleitung vor, denn es handelt sich bei der Bilderwelt um die strategische Entscheidung, wie sich das Unternehmen künftig intern sowie am Markt und in der Gesellschaft optisch präsentieren will. In der Vorlage sollte der Verantwortliche darstellen, welche Chancen eine starke und einzigartige Bilderwelt für das Unternehmen bietet, welchen messbaren Nutzen diese hat, aber auch auf welche Risiken sich das Unternehmen vorbereiten sollte.

Beginn mit einer interdisziplinären Projektgruppe

Die Entwicklung der Bilderwelt kann in einer Projektgruppe erfolgen, da die Bilderwelt die Arbeit wichtiger Funktionen des Unternehmens beeinflussen wird. Mitglieder können der Assistent der Geschäftsleitung, Vertreter aus Forschung, Marketing, Personal sowie Vertreter der internationalen Funktionen des Unternehmens sein. Von Vorteil ist, wenn auch ein Vertreter der Arbeitnehmer einbezogen ist oder zumindest regelmäßig informiert wird. Ein ausreichender Etat sollte bereitstehen, da es sich um ein richtungweisendes Projekt handelt.

Festlegung wichtiger Rahmendaten

Auf Basis des erarbeiteten Projektverständnisses legt die Projektgruppe den Rahmen für Zeit und Etat des Projektes fest. Der Projektleiter wählt die Mitarbeiter aus und stellt das Team zusammen, er organisiert, koordiniert und unterstützt fachlich die Projektarbeit. Er bereinigt Konflikte, ist Nahtstelle zur Geschäftsleitung, fasst die Projektergebnisse zusammen und stellt sie der Geschäftsleitung vor. Der Projektleiter ist verantwortlich für die Zusammenarbeit mit externen Dienstleistern, wie zum Beispiel Beratern und Gestaltungsagenturen. Der Projektleiter wählt die

Arbeitsmethoden, prägt den Umgangsstil und ist Ansprechpartner bei Konflikten. Die Projektdauer hängt von der Unternehmensgröße, der Einsicht des Managements, der Unternehmenskultur, der Bereitschaft zur Veränderung, der Vielfalt der Unternehmensleistungen und dem Budget ab. Sie wird ungefähr 6 bis 12 Monate betragen. In kleinen Unternehmen kann dies schneller gehen. Empfehlenswert ist es, das Projekt nach der Einführung und Etablierung der Bilderwelt in eine dauerhafte Funktion zu überführen und in der Unternehmenskommunikation anzusiedeln, um die Entwicklung der Bilderwelt sicherzustellen.

Externe Unterstützung prüfen

Schon beim Bilden der Projektgruppe sollten Sie einen externen Bildexperten einbeziehen. Dieser Berater moderiert, unterstützt Klärungsprozesse und greift als unabhängiger Beobachter die unterschiedlichen Meinungen auf. Er schiebt schleppende Prozesse an und unterstützt Konzeption und Umsetzung. Vorteil: Ein externer Berater ist erfahren, konstruktiv kritisch und hat die nötige Distanz zum Unternehmen, um objektiv sein zu können. Und: Er kostet Geld und ist deshalb die beste Gewähr für den zügigen Fortgang der Arbeiten. Nachteilig kann sein, dass externe Berater die Unternehmenskultur nicht kennen. Machen Sie daher den Berater mit ihrer Unternehmenskultur vertraut, also mit dem Denken, Fühlen und Handeln im Unternehmen.

Grundregeln der Zusammenarbeit formulieren

Zu Beginn der Projektarbeit ist wichtig, dass die Mitglieder persönlich und fachlich zueinander finden. Hilfreich hierfür sind gemeinsam vereinbarte Grundregeln für die Zusammenarbeit, die schriftlich festgehalten sind. Alle Beteiligten einigen sich möglichst früh, welche Ziele sie verfolgen und welche Erwartungen sie an das Projekt knüpfen.

H2 VIER PHASEN DER KONZEPTION

Die Konzeption für Ihre Bilderwelt besteht aus vier Phasen: Analyse, Planung, Kreation und Kontrolle. Die Systematik aus diesen vier Schritten wird auch als „Management" bezeichnet.

Die Konzeption ist der schriftliche Plan für die Bilderwelt. Dieser Plan geht nach den vier Schritten der Analyse, Planung, Umsetzung und Kontrolle vor.

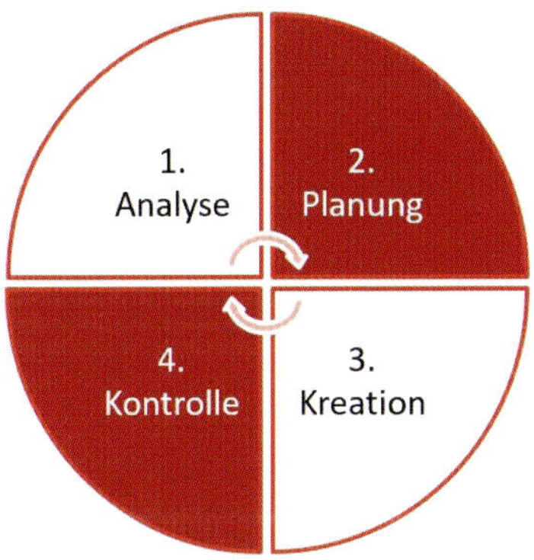

Abb. 81: Die vier Bausteine der Konzeption.

Analyse

Die Analyse im Konzeptionsprozess hat zum Ziel, dass Sie ein klares Bild von Ihrer Ausgangssituation sowie dem Handlungsbedarf haben. Sie besteht aus drei Schritten:

1. Sammeln von Informationen;
2. Bewerten der Informationen nach Stärken und Schwächen, Chancen und Risiken (SWOT);
3. Ableitung der konkreten Aufgaben für die Bilderwelt.

Sammeln von Informationen

Grundlage sind zuverlässige Informationen über Ihr Unternehmen, Ihren Markt, Ihre internen und externen Bezugsgruppen sowie Ihren bisherigen visuellen Auftritt:

- Unternehmensziele und Unternehmensstrategien, für die Sie mit der Bilderwelt einen Beitrag leisten wollen;
- die wichtigen internen und externen Bezugsgruppen, die das Unternehmen braucht, um seine Ziele zu erreichen;
- die derzeitige Unternehmenspersönlichkeit, die Ihre Bilderwelt berücksichtigen muss;
- die angestrebte Unternehmenspersönlichkeit, die ebenfalls in die Kreation einfließen sollte;
- die bestehenden Vorstellungsbilder von Ihrem Unternehmen bei den internen und externen Bezugsgruppen, vor allem auch deren innere Bilder des Unternehmens;
- deren momentane und künftige Wünsche und Erwartungen an das Unternehmen und dessen Bilderwelt;
- Gestaltungstrends, die Sie für die Kreation der Bilderwelt berücksichtigen sollten;
- Bildkonzepte, die es bereits im Unternehmen gibt oder die geplant sind.

Essenziell für die Analyse ist, Ihre derzeitige Unternehmenspersönlichkeit und das Erlebnisversprechen zu bestimmen. Dies kann durch Befragungen im gesamten Unternehmen erfolgen sowie durch die Auswertung von Dokumenten. Unternehmen wie IBM und Henkel besinnen sich auf ihre Gründer: Wie ist die Idee der Firma entstanden? Wofür hat der Firmengründer gekämpft? Welche Hindernisse und Barrieren musste er überwinden? Wie wollte er das Leben der Menschen bereichern?

Wichtig ist auch die Konkurrenzanalyse: Sie sollten die Bilderwelten Ihrer Mitbewerber kennen und wissen, welche Bilder und Erlebnisse diese zeigen, um sich von ihnen abzugrenzen. Diese Informationen können Sie durch Befragung, Beobachtung und Experimente erheben.

Die Konkurrenzbeobachtung ist eine unerlässliche Voraussetzung für die professionelle, wettbewerbsfähige und langfristige Planung Ihrer Bilderwelt.

Bewertung der Informationen

Die gesammelten Informationen bewerten Sie nach Ihren gegenwärtigen Stärken und Schwächen, sowie nach den künftigen Chancen und Risiken. So können Sie genau wissen, woran Sie arbeiten müssen und welche Potenziale Sie hierfür nutzen können.

Stärken

- Ihr Unternehmen ist bei allen Bezugsgruppen ausreichend bekannt.
- Ihre Unternehmenspersönlichkeit wird von allen Bezugsgruppen weitgehend so wahrgenommen, wie Sie dies wünschen.
- Ihre Kunden schätzen Ihre Fachkundigkeit, die sich in bedarfsgerechten Produkten zeigt.
- Ihre Mitarbeiter fühlen sich wohl.

Schwächen

- Ihre Bekanntheit ist bei den Kunden nicht ausreichend.
- Ihr Unternehmen gilt in den Augen Ihrer Kunden als altmodisch und unflexibel.
- Ihr Unternehmen wird insgesamt als zu distanziert wahrgenommen.
- So wichtig wie der Blick in die Gegenwart ist der Blick in die Zukunft: Dies zwingt Sie, Entwicklungen aufzugreifen und deren Konsequenzen für Ihre Bilderwelt zu erkennen.

Chancen

- Durch Ihre professionelle Forschung und Entwicklung werden Sie Ihre Innovationsführerschaft behaupten und vielleicht sogar ausbauen können.
- Durch zunehmende Größe könnten Sie auch im Ausland aktiv werden und damit Ihren Absatzmarkt erweitern.
- Die Zahl Ihrer Kunden wird durch die demografische Entwicklung der Bevölkerung steigen.

Risiken

- Das Medienangebot nimmt weiter zu und damit auch die Notwendigkeit, noch kraftvoller zu kommunizieren, um sich durchzusetzen.
- Neue Konkurrenten aus dem Ausland drängen in Ihren Markt – dies kann zum Preisverfall führen.

- Rasche Entwicklungen in den ausländischen Märkten erfordern eine schnelle Anpassung.

Checkliste: Bewertung der gesammelten Informationen

- ☐ Wo liegen meine gegenwärtigen Stärken?
- ☐ Wo liegen meine gegenwärtigen Schwächen?
- ☐ Wo liegen meine künftigen Chancen?
- ☐ Wo liegen meine künftigen Risiken?

Ableitung der Aufgabe

Aus dem Profil der Stärken und Schwächen, Chancen und Risiken formulieren Sie die Aufgabe für Ihr Corporate Imagery Management: Welches Wissen soll Ihre Bilderwelt aufbauen oder ändern? Welche Gefühle soll sie vermitteln? Welche Meinungen müssen Sie stärken oder ändern? Folgende Aufgaben können sich für Ihre Bilderwelt stellen:

- **Neue Gedächtnisstrukturen aufbauen,** wie im Fall eines neuen Unternehmens, für das es bisher keine inneren Bilder gibt (zum Beispiel ein Start-up).
- **Vorhandene Gedächtnisstrukturen stärken oder vertiefen,** indem die Bilderwelt die inneren Bilder stärkt, die Ihre Bezugsgruppen schon aufgebaut haben.
- **Alte Gedächtnisstrukturen überschreiben oder löschen,** indem zum Beispiel die Bilderwelt Kundennähe verdeutlicht, weil das Unternehmen eher als distanziert gilt.
- **Vorhandene Gedächtnisinhalte erweitern,** indem die Bezugsgruppen neue Eigenschaften des Unternehmens durch Ihre Bilderwelt kennenlernen, die im Markt immer mehr an Bedeutung gewinnen, wie zum Beispiel dessen Dialogfähigkeit.

Auf Grundlage dieser Vorgaben entwickeln Sie Ihre Bilderwelt. Wohlgemerkt: Diese dient nicht dazu, kurzfristige Imagedefizite auszuräumen, sondern eine langfristige Position in den Köpfen Ihrer Bezugsgruppen aufzubauen, die wettbewerbs- und zukunftsfähig ist.

Planung

In der Planung legen Sie fest, wie Sie die formulierten Aufgaben lösen wollen. Die Planung besteht aus drei Kernbausteinen: Ziele, Strategien, Mittel und Maßnahmen.

Ziele

Ziele sind die Wirkungen, die Sie mit Ihrer Bilderwelt erreichen wollen. Ziele bestehen aus drei Komponenten:

1. Was? (Zielinhalt)
2. Wie viel? (Zielausmaß)
3. Wann? (Zeitpunkt)

Nur wenn alle drei Zielkomponenten formuliert sind, entsteht ein Ziel, dass Sie später kontrollieren können. Beispiele:

- In Ihren Mitarbeitern soll in sechs Monaten ein starkes, lebendiges inneres Bild davon entstanden sein, dass Ihr Unternehmen zuverlässige Technik bietet.
- Ihre Kunden haben in einem Jahr das innere Bild, dass Ihr Unternehmen materielle Geborgenheit bietet. Die Kunden meinen, dass Ihr Unternehmen diese Eigenschaft stärker vertritt als alle Konkurrenten.
- Ihre Kunden verbinden mit Ihrem Unternehmen Motive aus dem Erlebnisversprechen.

Nicht alle Ziele sind gleich wichtig: Einige Ziele müssen schnell erreicht werden, andere erst nach einem längeren Zeitraum.

Koordination, Kontrolle und Motivation

Mit Zielen können Sie koordinieren: Alle Aktivitäten im Rahmen der Bilderwelt sind auf ein Ziel ausgerichtet – dies betrifft auch den Einsatz von Personal, Geld und Energie der Beteiligten. Wenn kein Ziel verfolgt wird, ist jeder Weg der richtige. Durch Ziele können Sie kontrollieren, ob Sie die angestrebte Wirkung erreicht haben – also das Ziel. Durch Zwischenziele können Sie frühzeitig kontrollieren, ob Sie das Ziel unter den gegebenen Umständen erreichen können. Sind die Ziele unklar und ungenau formuliert oder nicht messbar, können Sie hinterher den Erfolg nur schlecht bewerten und Maßnahmen kaum verbessern. Durch Ziele können Sie motivieren: Das Erreichen von Zielen können Sie nutzen, um die Beteiligten für die weitere Arbeit anzuspornen: Eine Belohnung winkt, wenn das Ziel (vorzeitig) erreicht wird.

Strategien

Auf welchem bestmöglichen Weg Sie das Ziel erreichen, legt die Strategie fest. Beispiele:

- **Positionierung:** Dies bedeutet, dass das Unternehmen bei seinen Bezugsgruppen ein einzigartig attraktives Vorstellungsbild entwickelt hat, das sich deutlich von anderen Unternehmen abgrenzt. Faustregel: Je mehr Kontrast ein Unternehmen zu seinen Mitwettbewerbern hat, desto klarer wird das Vorstellungsbild. Google, Amazon, Lufthansa – Sie können diese Unternehmen deutlich von anderen Unternehmen der Branche unterscheiden? Verspricht ein Unternehmen das gleiche wie seine Konkurrenten, wäre es aus Sicht der Bezugsgruppen egal, welches Unternehmen sie unterstützen. Interessanterweise geschieht genau dies in vielen Branchen, zum Beispiel im Maschinenbau, indem alle Unternehmen mit den Begriffen „innovativ", „kompetent" und „Partnerschaft" arbeiten.
- **Zeitstrategie:** Führen Sie die Bilderwelt von heute auf morgen mit einem Paukenschlag ein oder erfolgt die Einführung schrittweise, bis Ihre vorhandenen Kommunikationsmittel ohnehin erneuert werden müssten?
- **Gebietsstrategie:** Beginnen Sie mit der Einführung in Ihrer Zentrale und weiten Sie Ihre Bilderwelt dann aus? Oder erfolgt die Einführung zeitgleich an allen Standorten, eventuell auch im Ausland?
- **Argumentationsstrategie:** Mit welchen visuellen Botschaften wenden Sie sich zur Einführung an Ihre Bezugsgruppe? Was ist der Nutzen, den Ihre Bilderwelt vermittelt (zuverlässige Technik)? Wie begründen Sie diesen Nutzen (gutes Material, ausgefeilte Entwicklung)? Wie ist die Anmutung, also die Form, mit der Sie Ihre Bezugsgruppe ansprechen?
- **Mittel- und Maßnahmenstrategie:** In welchen Maßnahmen vermitteln Sie die Bilderwelt: in persönlicher Kommunikation, in gedruckten Medien, in elektronischer Kommunikation?
- **Mediastrategie:** Wie setzen Sie Ihre Mittel und Maßnahmen ein, dass Sie die gesamte Bezugsgruppe erreichen (Reichweite) und zwar oft

genug (Kontaktzahl). Zu wenige Kontakte hinterlassen keine Gedächtnisspuren, zu viele Kontakte können zu Überdruss führen – allerdings ist diese Gefahr sehr gering, weil sich die Aufmerksamkeit bei jeder neuen Betrachtung halbiert (siehe Kap. A5).

Mittel und Maßnahmen
Sie haben Ihre Kommunikationspartner bestimmt, Sie wissen, welche Ziele Sie erreichen wollen und mit welchem Grundsatzverhalten: Jetzt entwickeln Sie die konkreten Maßnahmen, um Ihre neue Bilderwelt zu vermitteln. Dies können intern zum Beispiel Info-Messen, Präsentationen und Anzeigenkampagnen in der Mitarbeiterzeitung sein oder ein Angebot im Intranet. Extern könnten dies eine Pressemitteilung sein, ein Relaunch der Website, die Präsentation auf der Hauptversammlung und ein Mailing an die Kunden. Für den Einsatz der Maßnahmen gibt es kein Patentrezept, aber viele Möglichkeiten, die von Ihren Mitteln, Ihrem Unternehmen, der Branche, der Kommunikationspartner etc. abhängen.

Weitere Planungselemente
Zusätzlich zu den drei Kernelementen, also Ziele, Strategien und Maßnahmen, erstellen Sie einen Zeitplan und kalkulieren Ihr Budget:

- **Zeitplan:** Der Zeitplan hält den Gesamtablauf sowie Einzelschritte, Maßnahmen, Termine und Zuständigkeiten fest. Dies dient dazu, die geplanten Maßnahmen zu koordinieren und zu kontrollieren.
- **Budget:** Aus den Mitteln und Maßnahmen sowie deren Einsatz errechnen Sie die Kosten. Sinnvoll ist hierbei, einen Gesamtetat sowie Etats für Aktionen und Maßnahmen zu kalkulieren. Dies ermöglicht, den Überblick über die Kosten zu behalten; zum anderen ist es möglich, Maßnahmen zu kürzen oder hinzuzufügen. Vergessen Sie bei der Budgetplanung nicht die externen Dienstleister (siehe Anhang). Die Berechnung der Einzelkosten erschwert, dass es keine Marktpreise gibt – die Honorare schwanken erheblich. Informieren Sie sich daher genau über die Anbieter und deren Honorare.

Checkliste: Planung

- ☐ Welche Wirkung soll Ihre Bilderwelt bei den Bezugsgruppen erzielen?
- ☐ Auf welchem Weg können Sie diese Wirkung am besten erreichen, zum Beispiel durch Argumente, Kommunikationsdruck etc. (Strategien)?
- ☐ Mit welchen Mitteln und Maßnahmen können Sie die Ziele (Wirkung) erreichen?

Kreation

In der Kreation legen Sie fest, wie Ihre Bilderwelt konkret aussieht – also die Motive. Wir haben dies ausführlich in Kapitel E7 beschrieben.

Checkliste: Kreation

- ☐ Was ist das Erlebnisversprechen Ihres Unternehmens?
- ☐ Welche formal-stilistischen Merkmale zeichnet die gesamte Bilderwelt aus (Bildstil, Atmosphäre, Perspektive etc.)?
- ☐ Welche Einzel-, Teil- und Gesamtbedeutungen werden durch die Bilderwelt angesprochen?
- ☐ Welche Motive nutzen Sie, um dieses Erlebnisversprechen zu vermitteln (Schlüsselbilder, Schemata etc.)?
- ☐ Wodurch können Sie möglichst viele Sinne ansprechen, um durch Multisensorik die Bilderwelt tief bei Ihren Bezugsgruppen zu verankern?

Kontrolle

Stellen Sie durch angemessene Kontrolle sicher, dass Sie Ihre Ziele samt Zwischenzielen erreichen werden bzw. schon erreicht haben. Bei besonders wichtigen Bildthemen und Motiven sollten Sie nichts dem Zufall überlassen und die Befragung gemeinsam mit einem Experten durchführen, zum Beispiel einem Marktforscher oder einem geschulten Psychologen. Experten zeigen Ihnen, welche inneren Bilder Ihre Bezugsgruppen von Ihrem Unternehmen tatsächlich haben. Die Herausforderung: Kapitel D2 hat gezeigt, dass der Großteil der Bildwirkung unbewusst abläuft: In weniger als einer halben Sekunde registriert Ihr Gehirn die Atmosphäre und die Stimmung eines Bildes. Bewusst nehmen Sie dies erst später wahr – wenn überhaupt. Was können Sie tun? Um die unbewusste Wirkung von Bildern zu messen, nutzen Experten Geräte wie die Augenkamera: Sie hält die Bewegungen des Auges bei der Betrachtung eines Bildes fest. Dieses Verfahren wird auch „Eyetracking" genannt. Mit der Augenkamera können Sie messen, wie Ihre Bilder betrachtet werden, was zuerst gesehen und was übersehen wird. Die Aktivierung durch Bilder erfassen psychophysiologische Verfahren, die sprichwörtlich „am Puls" Ihrer Bezugsgruppen sind: Spezialapparaturen messen den Blutdruck, die Herzfrequenz und den Hautwiderstand – so ähnlich wie bei einem Lügendetektor. Dies dokumentiert sehr genau die unbewusste Wirkung von Bildern. Ob bei einer Befragung oder der Pulsmessung: Bevor Sie neue Daten erheben oder einen Experten engagieren, sollten Sie sichten, ob es schon erhobene Daten gibt.

Marktforscher unterscheiden dabei, ob Daten selbst erhoben oder ob vorhandene Daten genutzt werden:

- **Primärerhebungen:** Sie generieren neue Daten über Befragungen, Beobachtungen und Experimente. Die Primärerhebung richtet sich direkt an die Bezugsgruppen.
- **Sekundärerhebungen:** Sie werten bereits vorhandene Daten aus. Die Sekundärerhebung steht auch aus Kostengründen in der Forschungspraxis am Anfang des Projekts – also vor der Primärerhebung.

Zum Thema Bilderwelten bietet sich folgende Sekundärforschung an:

- **Bestehende Bilder:** Sammeln und ordnen Sie Bilder, die Ihr Unternehmen in den letzten zwei Jahren in der Kommunikation eingesetzt hat, zum Beispiel im Internet-Auftritt, in Broschüren und bei Events. Überlegen Sie ob diese Bilder lebendig und einzigartig Ihre Unternehmenspersönlichkeit transportieren. Prüfen Sie, ob es Hinweise darüber gibt, wie Ihre internen und externen Bezugsgruppen diese Bilder bewerten.
- **Studien, Pretests:** Gibt es Studien und Tests, zum Beispiel in der Werbung? Welche Bilder haben in diesem Rahmen gut abgeschnitten, welche schlecht? Allerdings sollten Sie solche Studien insofern

kritisch betrachten, denn sie können zu austauschbaren Bildern führen, wenn sich jeder an ihnen orientiert.

- **Logfiles:** Gibt es Statistiken darüber, welche Bilder die Besucher Ihrer Website besonders häufig anklicken? Aktivierende Bilder verleiten Website-Besucher häufig zu spontanen Klicks.
- **Konkurrenzanalyse:** Welche Bilder setzt Ihre Konkurrenz ein?
- **Trends:** Gibt es Trendreports für Ihre Branche? Was sind aktuelle und künftige Leitthemen?

Die klassischen Instrumente der Primärerhebung sind: Befragung, Beobachtung, Experiment. Die Befragung ist besonders beliebt und leicht durchzuführen. Sie liefert Hinweise auf Meinungen, Einstellungen, Gefühle, Verhaltenserwartungen, die sich aber nicht mit dem tatsächlichen Verhalten der Befragten decken müssen. Am tatsächlichen Verhalten setzt die Beobachtung an, zum Beispiel mit der Augenkamera. Jedoch ermöglicht sie häufig keine Aussagen über die Einstellungen und Motive, die diesem Verhalten zugrunde liegen. Beim Experiment greifen Sie steuernd in die Wirklichkeit ein: Zum Beispiel variieren und untersuchen Sie Bilder systematisch, bezogen auf ihren Farbkontrast. Experimente liefern Ihnen besonders fundierte Aussagen zur Bildwirkung. Auch hier helfen Ihnen Experten, das richtige Studien-Design festzulegen, die Studie durchzuführen und auszuwerten.

Befragung

Sie können Ihre Bezugsgruppen persönlich, telefonisch oder schriftlich befragen. Die persönliche Befragung ermöglicht Ihnen, in die Tiefe zu gehen, während telefonische und schriftliche Befragungen meist stark standardisiert sind – Fragen und Antwortmöglichkeiten sind weitgehend vorgegeben. Befragungen können eher offen oder eher standardisiert sein:

- **Standardisierte Befragungen** greifen auf etablierte Fragekataloge zurück, die auch Sie für Ihre Bilderwelt nutzen können. Der Vorteil ist: Da mögliche Antworten vorgegeben sind, können Sie die Angaben der Bezugsgruppen direkt vergleichen. Es gibt jedoch auch einen Nachteil: Der Katalog könnte Punkte, die Ihnen wichtig sind, nicht berücksichtigen.

- **Offene Befragungen:** Im persönlichen Interview setzen Sie den Befragten weniger Grenzen – ein Leitfaden lenkt Ihr Gespräch in die gewünschte Richtung, aber Sie geben keine Antworten vor. Ein Nachteil dieser Methode ist die aufwendige Auswertung.

Für die Messung der Bildwirkung sind vor allem projektive und assoziative Verfahren bedeutend: Projektive Verfahren verwenden Sie im Rahmen persönlicher Interviews, während Sie assoziative Verfahren standardisiert oder offen einsetzen können.

Projektionsverfahren

Projektionsverfahren nutzen ausgewählte Reize, damit der Befragte seine innere Welt nach außen projiziert, zum Beispiel auf Drittpersonen. So umgehen Sie Hemmungen, Weigerungen und Verzerrungen bei Fragen mit hohen psychologischen Barrieren. Hier einige Beispieltests:

- **Der Ballon-Test** besteht aus Zeichnungen, die jeweils zwei Personen im Konflikt darstellen. Die Reaktion der einen Person ist als Sprechblasentext dargestellt. Die Antwort der anderen Person bleibt offen – die Versuchsperson soll sie in die leere Sprechblase eintragen.
- **Im Bilder-Erzähl-Test** zeigen Sie keine Sprechvorlagen, sondern Bilder. Zu jedem Bild sollen die Versuchspersonen eine spannende Geschichte erzählen. Diese Geschichte zeigt dem Forscher die persönliche Beziehung der Versuchsperson zum Thema. Beim Bilder-Erzähl-Test arbeiten Sie mit vier Fotografien, von denen zwei eine vieldeutige, offene Situation darstellen, während sich die beiden anderen auf einen konkreten Sachverhalt beziehen, zum Beispiel eine Konsumsituation.
- **Der Personifizierungs-Test** dient der Analyse wichtiger Imagequalitäten Ihres Unternehmens bezüglich der Beschreibung eines typischen Mitarbeiters, Kunden, Geschäftspartners etc. Die Testpersonen sollen sich diesen Vertreter Ihrer Bezugsgruppe vorstellen und möglichst genau beschreiben.
- **Imagery-Tests** erfassen innere Bilder (Imagerys). Es gibt bildbasierte und verbale Befragungen: In der verbalen Befragung weisen Sie die Versuchsperson an, die Augen zu schließen und vor dem geistigen Auge das Bild Ihres Unternehmens entstehen zu lassen. Die Befragten sollen dieses innere Bild möglichst genau beschreiben. Diese Anwei-

sung ergänzen Sie mit Fragen danach, wie klar und deutlich und wie sympathisch dieses innere Bild ist. Die Klarheit des inneren Bildes messen Sie über die Marks-Skala: Die Frage lautet: „Wie ist das innere Bild, das Sie vom Unternehmen X haben?". Die Antwort des Befragten ist wahlweise: „Mein inneres Bild vom Unternehmen X ist … völlig klar und so lebendig wie die Realität/klar und ziemlich lebendig/mäßig klar und lebendig/vage und undeutlich/Ich habe überhaupt kein Bild. Ich weiß nur, dass ich an das Unternehmen X denke."

Wenn Sie die Klarheit über verbale Skalen erfragen, muss der Befragte das innere Bild zuerst begrifflich fassen, was zu Problemen und Ungenauigkeiten führen kann. Um diese zu vermeiden, messen Sie die Klarheit mit Bildskalen. Solche Bilderskalen erfassen die Wahrnehmungsqualität der inneren Bilder. Auch hier fordern Sie den Befragten auf, sich ein inneres Bild von Ihrem Unternehmen zu machen. Dann soll er angeben, ob das innere Bild eher dem Bild am 1. Pol der Skala („klar") oder dem 2. Pol („verschwommen") entspricht. Zusätzlich zur (zentralen) Dimension der Klarheit können Sie erheben, wie attraktiv das innere Bild erlebt wird: Die Versuchsperson gibt hierzu auf einer Skala an, wie sie ihre inneren Bilder empfindet. Diese kann beispielsweise von „sehr angenehm" bis „sehr unangenehm" reichen. Weitere Dimensionen, die Sie erheben können, sind die Schnelligkeit beim Zugriff auf innere Bilder sowie die subjektiv empfundene Nähe zum inneren Bild.

Bildzuordnungen und Collage-Technik

Zwei weitere Methoden, mit denen Sie innere Bilder nicht-sprachlich erschließen, bieten der Bildzuordnungstest und die Collage-Technik.

- **Bildzuordnungstest:** Bei Bildzuordnungs-Tests zeigen Sie eine Auswahl an Bildern, zum Beispiel Fotografien aus Zeitschriften und Magazinen, die Personen in unterschiedlichen Situationen darstellen. Die Befragten sollen jene Bilder wählen, die dem inneren Bild Ihres Unternehmens am meisten entsprechen.
- **Collage-Technik:** Die Collage-Technik erfolgt ähnlich wie der Bildzuordnungstest, nur dass die Befragten hier jene Fotos oder Bildausschnitte wählen sollen, die in einem inneren Bildbezug zu Ihrem Unternehmen stehen. Diese Bilder werden zu einem größeren Bild,

einer Collage, zusammengefügt. Im Test „Bilder malen" sollen die Versuchspersonen ihre inneren Bilder des Unternehmens zeichnen oder malen.

Assoziationsverfahren

Unter Assoziationen versteht man die Verknüpfung psychischer Inhalte, also die spontane, automatische Verbindung einzelner Gedächtnis- und Gefühlsinhalte. Die Gedanken, die beispielsweise kurz vor dem Einschlafen auftauchen, sind stark assoziativ – ein Gedanke gibt dem nächsten die Hand. Drei Arten von Assoziationsverfahren lassen sich unterscheiden:

- **Freies Assoziieren:** Versuchspersonen sollen alles sagen, was ihnen spontan zu einem Bild einfällt.
- **Gelenktes Assoziieren:** Versuchspersonen sollen alles sagen, was ihnen spontan zu einem Aspekt des Bildes einfällt, zum Beispiel zu Stimmung, Farbe und Thema. Alternativ sehen die Versuchspersonen nur einen Ausschnitt aus der Bilderwelt. Eine oft genutzte Sonderform der gelenkten Assoziation ist die Satzergänzungs-Technik: Die Befragten sollen vorgelesene, unvollständige Sätze möglichst spontan und ohne Überlegungen vervollständigen. Alle Sätze gruppieren sich um ein Thema. Einige Beispiele dafür wären: "Zu den wichtigsten Eigenschaften der Firma XX gehören …"; "Besonders gut an der Firma XX gefällt mir …"; "Die Firma XX …"
- **Eingeschränktes Assoziieren:** Dieses Verfahren wird auch „Wortassoziationen" genannt. Auf bestimmte Wörter sollen die Befragten jeweils nur eine Assoziation nennen – spontan und ohne langes Nachdenken. Bei den Antworten interessieren weniger der Inhalt als die Zeitdauer, bis die Antwort erfolgt. Die Versuchspersonen sollen alles aussprechen, was ihnen zu dem gezeigten Bild einfällt. Beispiele sind: Stärke und Genauigkeit der mit der Bilderwelt verbundenen Assoziationen: Wie intensiv und fest umrissen sind die Assoziationen der Bezugsgruppen mit der Bilderwelt?

Die Genauigkeiten der Assoziationen lassen sich weiter unterteilen:

- Von der Bezugsgruppe mit der Bilderwelt assoziierte Eigenschaften;
- Art der Assoziationen (emotional oder sachlich-rational);
- Anzahl der Assoziationen;

- Bedeutung der Assoziationen;
- Einzigartigkeit der Assoziationen;
- Repräsentation (verbal, nonverbal);
- Richtung (angenehm, unangenehm);
- Assoziationen vor und nach der Darbietung.

Erkenntnisinteresse

Was können Sie durch die dargestellten Verfahren im Hinblick auf Ihre Bilderwelten untersuchen?

- **Gefallen:** Wie gut gefällt die Bilderwelt Ihren internen und externen Bezugsgruppen? Warum gefällt sie, warum nicht?
- **Einzigartigkeit:** Was macht die Bilderwelt aus Sicht der Bezugsgruppen einzigartig?
- **Image der Bilderwelt:** Wie sehen Ihre Image-Stärken und -Schwächen im Vergleich zur Konkurrenz aus?
- **Vorstellungsbilder** der Bezugsgruppen:
  - Klarheit und Prägnanz (Vividness)
  - Sympathie, Gefallen der Vorstellungsbilder
  - Attraktivität des inneren Bildes
  - Zugriffsfähigkeit des inneren Bildes
  - subjektiv empfundene Nähe zum inneren Bild
  - Zukunftsfähigkeit

Übergreifende Bewertung der Bilderwelt:

- Psychologische Hintergründe der Einschätzung?
- Übereinstimmung zwischen Bilderwelt und Lebenswelt/Bedürfnissen der Bezugsgruppen?
- Welche Änderungen sind notwendig oder zweckmäßig?
- Welche unbesetzten Imageräume (Marktnischen) kann die Bilderwelt besetzen?

Beobachtung

Beobachten Sie die Blickbewegung des Betrachters mit der Augenkamera. Mit Blickbewegung sind sogenannte „Sakkaden" gemeint: Wenn unser Auge über ein Bild wandert, macht es Sprünge. Einem Känguru gleich springt das Auge von Ort zu Ort. Zwischen solchen Sakkaden ruht das Auge für etwa eine halbe Sekunde, um einen Ausschnitt genauer zu betrachten. Diese „Fixationen" sind das eigentlich Interessante, denn nur während der Fixation nimmt unser Auge Information auf – während der Sakkaden sind wir fast blind und verarbeiten keine Informationen. Der Mensch macht im Durchschnitt 100.000 Sakkaden pro Tag, die meisten unbewusst. Mit Hilfe der Augenkamera können Sie bestimmen:

- ob ein Bild gesehen wird;
- wie der Blick zwischen einzelnen Bildelementen verläuft;
- wie lange der Blick auf einzelnen Bildelementen verweilt;
- welche Bereiche besonders lange und intensiv angesehen werden;
- ob das Bild in einem sinnvollen Pfad abgearbeitet wird, ob beispielsweise die zusammengehörigen Elemente nacheinander angesehen werden;
- wie Bild und Text zusammenwirken, ob beispielsweise die Überschrift und das Schlüsselmotiv (Key Visual) zusammen gesehen werden;
- wie dominant bestimmte Bildelemente sind;
- ob einzelne Bereiche wiederholt beachtet werden;
- ob einzelne Bereiche übersehen werden.

Ein klassisches Phänomen aus der Werbung, das erst durch die Augenkamera offengelegt wurde, ist der „Vampir-Effekt": Besonders bei der Darstellung von nackter Haut kommt es oft dazu, dass (männliche) Konsumenten sich nur noch auf die abgebildete Nacktheit konzentrieren und nicht mehr auf das Produkt beachten.

Eyetracking

Die Blickmessung mit der Augenkamera ist ein teures, aufwendiges Verfahren, das in der Praxis selten eingesetzt wird. Jedoch gibt es seit einiger Zeit eine Alternative, die Blickbewegungen schneller und kostengünstiger misst: „Attention Tracking" ist ein Verfahren der Aufmerksamkeitsmessung, das in Anspruch und Ergebnis der Augenkamera entspricht, aber auf die apparative Messung der Blickrichtung verzichtet. Stattdessen geben angeleitete Probanden über den Mauszeiger ihres Computers an, was ihnen auffällt. Die Versuchspersonen sehen Bildvorlagen wie Imageanzeigen und Websites für jeweils wenige Sekunden auf ihrem Bildschirm. Die Probanden machen den Mauszeiger zum verlängerten Auge und klicken überall dorthin, wo ihr Blick gerade weilt.

Im Unterschied zur Augenkamera konzentriert sich dieses Verfahren auf die Fixationen, also die Ruhephasen des Auges bei denen Information aufgenommen wird.

Psychophysiologische Verfahren

Die Blickregistrierung ist auf die visuelle Wahrnehmung ausgerichtet. Bilder wirken aber auch emotional, sie lösen Gefühle in uns aus. Diese Gefühle gehen einher mit Körperreaktionen, die Sie messen können. Eine Reaktion ist die Erweiterung oder Verengung der Pupille, die das Bildmaterial auslöst. Die zentrale Annahme ist: Angenehme Reize vergrößern die Pupille, unangenehme verkleinern sie. Auch andere Körperreaktionen werden durch psychophysiologische Verfahren gemessen. Diese Verfahren erfassen zum Beispiel:

- Elektrische Hautleitfähigkeit
- Hauttemperatur
- Elektrokardiogramm (EKG)
- Puls
- Atmung

Tachistoskop

Das Tachistoskop bietet einer Versuchsperson visuelle Reize für wenige Bruchteile einer Sekunde. Das Gerät funktioniert ähnlich dem Kameraverschluss in der Fotografie: Dieser gibt für alle Personen durch eine Scheiben- oder Schlitzöffnung den Blick auf einen Reiz für eine gleich lange Zeit frei. Der Schwerpunkt des Tachistoskop-Tests liegt auf dem Registrieren der Aufmerksamkeitswirkung von Bildern. Man unterscheidet folgende Wirkungen, über die das Tachistoskop informiert:

- **Anmutungsqualitäten** bei kurzer Darbietung, in der die Wahrnehmung noch nicht durch gedankliche Bewusstseinsvorgänge beeinflusst oder verdeckt wird.
- **Wahrnehmungsdominanten**, also jene Gestaltungselemente des Bildes, die am frühesten erkannt werden. Hier interessiert besonders, wie dominante Bildelemente zur zentralen Botschaft des Bildes oder der Bilderwelt passen.

- **Prägnanz** einzelner Bildelemente. Ein Bildelement ist dann prägnant, wenn es von Anfang an richtig erkannt und nicht fehlgedeutet wird.
- **Adäquatheit** einzelner Bildelemente für die Kommunikationsziele. Der Tachistoskop-Test macht häufig klar, welche Bildelemente das Erkennen des Unternehmens erschweren oder gar fehlleiten, zum Beispiel durch die falsche Bildfarbe.

Bilder-Sortier-Tests

Im Bilder-Sortier-Test (Picture Sort Test) legen Sie den Befragten die Bilder der Reihe nach vor und präsentieren diese für kurze Zeit. 5 Minuten nach der Präsentation beantwortet der Teilnehmer Fragen und schildert seine (spontanen) Erinnerungen an die Bilder. Danach ordnet der Befragte die Bilder in zwei Stapel: Ein Stapel beinhaltet die Bilder, an die er sich erinnert, der andere die, an die er sich nicht erinnert. Der Mittelwert über mehrere Probanden hinweg zeigt, an welche Bilder sich die Befragten besonders gut und an welche sie sich besonders schlecht erinnern.

Bildmessung mit der Affektbilanz

Wir reagieren mit einfachen Gefühlen – Affekten – auf Bilder. Die Affektbilanz kann sie erfassen. Zur Erinnerung: Die positiven Affekte werden im sogenannten Belohnungssystem und die negativen Affekte im Bestrafungssystem generiert (siehe Kap. D1). Mit diesen beiden Systemen gelingt es zu unterscheiden, ob einem etwas guttut oder nicht – ob man eine Situation oder ein Objekt wieder aufsuchen oder besser meiden soll. Affekte können positiv oder negativ, schwach oder stark ausgeprägt sein. Weil das Gehirn die negativen und die positiven Affekte nicht in denselben Hirnstrukturen generiert, können Menschen zu ein und derselben Sache sowohl positive als auch negative Affekte haben. Die Skala der Affektbilanz ist bewusst ohne Einteilung, das heißt nur mit den Endpunkten 0 und 100 als Minimum und Maximum versehen. Der Grund dafür ist: Der Verstand ist mit dieser visuellen Analogskala überfordert und gibt das Zepter an das Unterbewusste ab. Dem Unbewussten fällt es leicht, die Intensität auf dieser Skala einzuschätzen, es braucht keine Striche und Zahlen. Der Verstand kann im Anschluss daran die Stärke als Zahl eintragen, wenn das gewünscht ist. Im Nachrechnen ist der Verstand sehr gut.

Abb. 82: Affektbilanz zur Messung des Gefallens eines Bildes.

Checkliste: Kontrolle

- ☐ Was wird kontrolliert?
- ☐ Wann finden Steuerung und Kontrolle statt?
- ☐ Wie findet die Kontrolle statt?

H3 ZUSAMMENARBEIT MIT DIENSTLEISTERN

Professionelle Bilderwelten können Sie nur mit Spezialisten entwickeln:

- Nur Experten wissen, wie Bilderwelten beschaffen sein müssen, damit sie wirken.
- Nur Experten können Ihre Unternehmenspersönlichkeit professionell in eine Bilderwelt umsetzen.
- Nur Experten wissen, wie Ihre Bilderwelt dauerhaft attraktiv bleibt, da sie entscheidende Trends kennen.

Hier einige Tipps für die Auswahl und die Zusammenarbeit mit externen Dienstleistern:

Auswahl

Bislang gibt es nur wenige Dienstleister, die sich auf übergreifende Bilderwelten spezialisiert haben. Sie könnten deshalb Werbe- und PR-Agenturen ansprechen, die erfahren im Umgang mit Bildern sind und Grafikleistungen anbieten. Außerdem sollte Ihr Dienstleister grundsätzlich die internen Abläufe und die Kultur in Unternehmen kennen und erfahren sein, Mitarbeiter für die neue Bilderwelt zu gewinnen. Weitere Empfehlungen:

- Ihr Dienstleister sollte anerkennen, dass er in Ihrem Dienst steht. Blinder kreativer Ehrgeiz, mit Ihrer Bilderwelt einen Preis auf dem nächsten Kreativwerbewettbewerb zu gewinnen, ist fehl am Platz. Prüfen Sie deshalb, wie stark die Vorschläge Ihrem Unternehmen dienen.
- Überlegen Sie genau, was Sie von einem Dienstleister erwarten: Soll er Sie begleiten? Soll er den Prozess steuern? Soll er sich auf die kreative Umsetzung beschränken? Notieren Sie diese konkreten

Erwartungen für sich selbst und geben Sie Ihre Notizen auch dem Dienstleister weiter.

- Der Dienstleister sollte möglichst in der grafischen Gestaltung und der Unternehmenskommunikation fachkundig sein. Diese Fachkunde kann er auch durch Kooperation mit anderen Dienstleistern sicherstellen, weil Spezialanbieter noch fehlen.
- Der Dienstleister sollte ein systematisches, langfristiges Konzept entwickeln und die Bilderwelt kreativ umsetzen.
- Der Dienstleister sollte Sozialkompetenz besitzen, um die Zusammenarbeit der beteiligten Funktionen im Unternehmen angemessen zu koordinieren. Hierzu gehören Kommunikationsfähigkeit, Teamfähigkeit und Erfahrung im Lösen zwischenmenschlicher Konflikte.
- Der Dienstleister sollte über Methodenkompetenz verfügen, vor allem in Prozessdenken und Projektmanagement.
- Laden Sie mehrere Dienstleister ein, etwa drei bis fünf. Prüfen Sie deren Arbeitsbeispiele und geben Sie eine Ideenskizze gegen Honorar in Auftrag, anhand derer Sie die Pläne des Anbieters ersehen können. Wählen Sie sorgfältig anhand Ihrer formulierten Erwartungen aus.
- Die Beziehungsebene ist zentral für die Zusammenarbeit. Prüfen Sie daher, ob die Chemie stimmt und der Anbieter zu Ihnen und Ihrem Unternehmen passt – immerhin muss dieser auch die Geschäftsleitung repräsentieren.
- Ganz wichtig: Achten Sie darauf, wie stark der Dienstleister versucht, sich in Ihre Situation hineinzuversetzen und Ihr Problem zu verstehen.
- Sie sollten über die Kenntnisse und Fähigkeiten verfügen, die Leistung bewerten zu können. Holen Sie sich hierfür eventuell Unterstützung.
- Achten Sie darauf, ob und wie schlüssig der Dienstleister die vorgestellte Konzeptlösung begründet.
- Die vorgestellten Konzepte sollten höchste Eigenständigkeit besitzen – also keine Standardlösungen sein. Dies ist essenziell für starke Bilderwelten.
- Achten Sie darauf, alle Absprachen sorgfältig schriftlich festzuhalten, zum Beispiel in Gesprächsprotokollen oder Verträgen.
- Sehen Sie im Vertrag vor, dass die Zusammenarbeit schrittweise erfolgt (Konzept, Kreation etc.) und nach jedem Schritt kündbar ist.

Briefing

Durch das Briefing von externen Beratern vermitteln Sie Ihrem Auftragnehmer alle Informationen, die dieser braucht, um Ihre Bilderwelt zu entwickeln. Inhalt des Briefings sind Informationen zu Auftrag, Problem, internem und externem Umfeld, den Unternehmenszielen, Bekanntheit und Image, Budget und Zeitrahmen. Tragen Sie das Briefing mündlich vor, erläutern Sie es und geben Sie es dann schriftlich an den Dienstleister weiter, damit Missverständnisse vermieden werden und dieser darin nachlesen kann. Die Qualität des Briefings entscheidet maßgeblich über das Ergebnis des Konzeptvorschlags:

Die Vorschläge für Ihre Bilderwelt werden so gut sein wie Ihr Briefing.

Vermitteln Sie alle wichtigen Informationen offen und anschaulich. Versetzen Sie sich hierzu in die Rolle des Dienstleisters und überlegen Sie, welche Informationen Sie brauchen würden, um Ihren Auftrag zu erfüllen. Halten Sie diese Informationen schriftlich und übersichtlich fest. Das Briefing dauert in der Regel eine bis eineinhalb Stunden.

Checkliste: Briefing von Dienstleistern

- ☐ Warum wollen Sie eine Bilderwelt entwickeln?
- ☐ Welche Unternehmenspersönlichkeit soll diese Bilderwelt vermitteln?
- ☐ Welches Ziel verfolgt die Bilderwelt?
- ☐ An wen soll sich die Bilderwelt richten?
- ☐ Wie wichtig sind diese Bezugsgruppen jeweils?
- ☐ Wie lassen sich diese Bezugsgruppen anhand von soziodemografischen, psychografischen, verhaltensorientierten Merkmalen beschreiben?
- ☐ Welche Wünsche und Erwartungen haben die Bezugsgruppen an das Unternehmen?
- ☐ Besteht bereits eine Kommunikation mit den Bezugsgruppen?
- ☐ Ist das Unternehmen bei der Bezugsgruppe bekannt?
- ☐ Was wissen die Bezugsgruppen vom Unternehmen?
- ☐ Was halten die Bezugsgruppen vom Unternehmen?

Checkliste: Briefing von Dienstleistern (Fortsetzung)

- ☐ Welche Eigenschaften der Unternehmenspersönlichkeit sollen wie stark transportiert werden?
- ☐ Wie bewerten die Beteiligten die Kommunikation im Hinblick auf Form (zum Beispiel eingesetzte Medien) und Inhalt der Kommunikation?
- ☐ Welche Entwicklungen können sich positiv und negativ auf die Kommunikation auswirken?
- ☐ Welche organisatorischen Voraussetzungen gibt es im Hinblick auf Menschen, Rollen und Verantwortlichkeiten, Prozesse, Strukturen, Informationstechnik, Kultur?
- ☐ Wie ist die Bezugsgruppe durch Mittel und Maßnahmen der Unternehmenskommunikation erreichbar?
- ☐ Welche eigenen Ideen, Erwartungen und Vorstellungen bezüglich Ihrer Bilderwelt haben Sie?
- ☐ Welche Bilder und Bilderwelten setzen die Wettbewerber ein?
- ☐ Wie viel Geld steht zur Verfügung?
- ☐ In welcher Zeit soll die Bilderwelt entwickelt und vermittelt werden?
- ☐ Welche Vorgaben müssen beachtet werden, zum Beispiel beim Design?
- ☐ Gibt es Vorgaben für die Instrumente und deren Einsatz?
- ☐ Welche übergeordneten Ziele müssen berücksichtigt werden, zum Beispiel die Unternehmensziele?
- ☐ Welche Ziele anderer Funktionen müssen berücksichtigt werden, zum Beispiel Marketing, Personal, Produktion?
- ☐ Müssen rechtliche Einschränkungen beachtet werden?
- ☐ Was ist sonst noch wichtig, um die Bilderwelt zu entwickeln?

Konzeptpräsentation

Die Konzeptpräsentation der Vorschläge des Dienstleisters zu Ihrer Bilderwelt erfolgt vor den entscheidenden Personen. Sie dauert zwischen 20 und 45 Minuten, je nach Problem und Situation. Stimmen Sie den Zeitplan früh genug mit allen Beteiligten ab und wiederholen ihn zu Beginn der Präsentation. Immer wieder kommt es vor, dass ein Dienstleister viel länger präsentiert als abgesprochen, während der nachfolgende schon vor der Tür wartet. Ein Ausschlusskriterium kann sein, wenn der Dienstleister den Zeitplan nicht einhält oder die Lösung nicht auf den Punkt bringt, denn:

Mangelhaftes Zeitmanagement eines Dienstleisters müssen Sie später im Projekt teuer bezahlen.

Teilen Sie dem Dienstleister vor der Präsentation mit, welche Schwerpunkte er präsentieren soll: den strategischen Ansatz aus Zielen, Strategien und Maßnahmen oder die Kreation oder beides gleichermaßen. Prüfen Sie die Vorschläge des Dienstleisters anhand Ihres Kriterienkatalogs und entscheiden Sie, welcher Dienstleister auf der Sach- und Beziehungsebene am besten zu Ihnen passt. Fragen Sie den Dienstleister, welche Alternativen er zur vorgestellten Lösung entwickelt hat und warum er sich für die vorgestellte Lösung als beste aller möglichen Lösungen entschieden hat. Bedanken Sie sich bei allen Dienstleistern für deren Vorschläge und die Präsentation.

H4 AUSBLICK: KÜNFTIGE BILDERWELTEN

Bilderwelten werden künftig noch wichtiger werden, denn die Notwendigkeit steigt, dass Bezugsgruppen Ihre Unternehmenspersönlichkeit schnell erkennen, deutlich von anderen unterscheiden und attraktiv finden. Ein Grund ist die rasant fortschreitende Digitalisierung. Die Digitalisierung hat in den Unternehmen bereits vor vielen Jahren mit der Einführung des Computers einen rasanten Aufstieg erlebt. 2002 wurden erstmals mehr Informationen digital gespeichert als analog. Die Frage ist nicht, ob sich die fortschreitende Digitalisierung auf Unternehmen auswirken wird – sie lautet vielmehr, ob die Unternehmen die Potenziale der Digitalisierung für ihren eigenen Geschäftserfolg erkennen und langfristig nutzen oder womöglich den Anschluss an den Wettbewerb verlieren. Ehemals erfolgreiche Firmen wie Kodak verschwinden vom Markt, wenn sie die Zeichen der Zeit nicht erkennen – der Erfolg von gestern kann der schlimmste Feind für den Erfolg von morgen sein.

Durch viele kommende Innovationen wird es neue Erlebniswelten geben, die sich stark auf das Leben der Bezugsgruppen auswirken. Gelingt es dem Unternehmen, seine Bezugsgruppen in die Erlebniswelt zu integrieren und das Erlebnisversprechen zu verwirklichen, werden die Erlebnisse schneller und tiefer im Gehirn gespeichert – letztendlich führt dies zur Veränderung im Denken, Fühlen und Handeln der Bezugsgruppen selbst. Menschen können die für sie attraktive, begehrenswerte Erlebniswelt des Unternehmens als eigene übernehmen, wie die Beispiele von Porsche und Apple zeigen. Mit den ersten Apple-Geräten bekamen die Kreativen ein Gesicht, es entstanden neue, kreative Branchen. Agenturen verkauften ihre Windows-Geräte und investierten in Apple. Apple schaffte es wie kein anderes Unternehmen zuvor, aus der Kombination von Design und Technologie eine neue Erlebniswelt aufzubauen und diese über alle Unternehmensbereiche hinweg zu kommunizieren.

Künftig kann die Unternehmenskommunikation klare und lebendige Bilderwelten hervorragend einsetzen. Besonders im Hinblick auf die im Rahmen der Digitalisierung von Gesellschaft und Wirtschaft sich exponentiell entwickelnden Technologien wie Artificial Intelligence oder abstrakte Plattform-Geschäftsmodelle rund um Smart Home.

Weitere Entwicklungen sind:

- **Zunehmender Wettbewerb:** Der Wettbewerb wird auf allen Märkten zunehmen. Hierdurch wird es noch schwieriger, seine Position am Markt zu stärken oder gar auszubauen. Bilderwelten werden zur Festigung der Wettbewerbsposition deutlich beitragen können, weil sie Präferenzen für das Unternehmen und seine Leistungen durch innere Bilder herstellen.
- **Knapper werdende Mittel:** Unternehmen werden aufgrund zunehmend knapper werdender Mittel (Geld, Personal etc.) diese noch gezielter einsetzen und den Beitrag dieser Mittel zum Erreichen der Unternehmensziele noch stärker hinterfragen. Bilderwelten können den Unternehmenswert steigern, indem sie innere Bilder bei den Bezugsgruppen aufbauen, die sich in einem positiven Verhalten niederschlagen. Bilderwelten ermöglichen, dass Sie Ihre Mittel bündeln, indem Ihr visueller Auftritt konzentrierter und koordinierter verläuft.
- **Kommunikationswettbewerb statt Produktwettbewerb:** Unternehmen wird es künftig schwerer fallen, einen einzigartigen Leistungsvorteil zu bieten, wie sich dies heute schon bei vielen Konsumgütern zeigt – bei Banken, Versicherungen und Investitionsgütern. Stattdessen werden sich die meisten Unternehmen nur durch ihre Kommunikation voneinander unterscheiden, wie dies etwa bei Körperpflegeprodukten der Fall ist. Ein wesentlicher Beitrag zur künftigen Kommunikation sind Bilderwelten.
- **Kommunikation wird noch professioneller werden müssen:** Unternehmenskommunikation wird aufgrund der weiter härteren Rahmenbedingungen professioneller werden müssen, um mehr zu wirken und den bestmöglichen Beitrag für den Unternehmenserfolg zu leisten. Zu den großen nicht ausgeschöpften Potenzialen gehören professionelle Bilderwelten.

- **Mehr Originalität:** Zur Professionalisierung gehört, die immer gleichen Motive zu vermeiden, die weder Aufmerksamkeit wecken noch tiefere Verarbeitung auslösen und schon gar kein einzigartiges Erlebnis entstehen lassen.
- **Erlebniskommunikation wird wichtiger:** Früher hatte die Unternehmenskommunikation vor allem die Aufgabe, Bezugsgruppen zu informieren – künftig wird die Ansprache der Gefühlswelt der Menschen durch Bilderwelten eine zentrale Rolle spielen.
- **Produkt- und Unternehmenskommunikation verzahnen:** Künftig werden die Kommunikation des Unternehmens und die Kommunikation seiner Produkte und Leistungen wesentlich stärker zueinander finden müssen und sich sogar stützen können. Dies ermöglicht, Synergien zu nutzen und Widersprüche in der Ansprache der Bezugsgruppen zu vermeiden. Bilderwelten können auf einzigartige Weise als Klammer über die gesamte Unternehmenskommunikation gesetzt werden.
- **Vertrauen wird noch wichtiger:** Vertrauen wird zum zentralen Konstrukt, um die langfristige Beziehung eines Unternehmens mit seinen Kommunikationspartnern zu erklären. Bilderwelten können zum Aufbau von Vertrauen essenziell beitragen, indem die Bezugsgruppen das Unternehmen durch seine Bilderwelt als beständig und zuverlässig erleben.

X

ANHANG

X1 CHECKLISTEN

Am Ende des Buches fassen wir die Ergebnisse zur Erstellung einer Bilderwelt und zu den Anforderungen an Bilderwelten noch einmal in zwei Checklisten zusammen.

Checkliste: Erstellung einer Bilderwelt

- ☐ Was kennzeichnet Ihre Unternehmenspersönlichkeit, welche die Bilderwelt vermitteln soll?
- ☐ Welches Ziel verfolgt Ihre Bilderwelt?
- ☐ An welche wichtigen internen und externe Bezugsgruppen soll sich Ihre Bilderwelt wenden?
- ☐ Wie wichtig sind diese Bezugsgruppen jeweils für Ihre Unternehmensziele und Ihre Unternehmenskommunikation?
- ☐ Wie lassen sich diese Bezugsgruppen anhand von sozio-demografischen, psychografischen und verhaltensorientierten Merkmalen beschreiben?
- ☐ Welche Wünsche und Erwartungen haben diese Bezugsgruppen an Ihr Unternehmen?
- ☐ Haben Sie bereits Kommunikation zu den wichtigen internen und externen Bezugsgruppen aufgebaut?
- ☐ Ist Ihr Unternehmen bei den Bezugsgruppen bekannt?
- ☐ Was wissen die Bezugsgruppen von Ihrem Unternehmen?
- ☐ Was meinen die Bezugsgruppen über Ihr Unternehmen?
- ☐ Welche Eigenschaften der Unternehmenspersönlichkeit soll Ihre Bilderwelt transportieren? Wie wichtig sind diese Eigenschaften jeweils?
- ☐ Wie bewerten die Beteiligten die bisherige Kommunikation im Hinblick auf Form (zum Beispiel eingesetzte Medien) und Inhalt?
- ☐ Welche Entwicklungen in Unternehmen, Markt und Gesellschaft können sich positiv und negativ auf Ihre Unternehmenskommunikation auswirken?

Checkliste: Erstellung einer Bilderwelt (Fortsetzung)

- ☐ Durch welche Mittel und Maßnahmen sind Ihre Bezugsgruppen erreichbar?
- ☐ Welche Bilder bzw. Bilderwelten setzen Ihre Mitbewerber ein?
- ☐ Wie viel Geld steht Ihnen für Ihre Bilderwelt zur Verfügung?
- ☐ In welcher Zeit soll die Bilderwelt entstehen und eingesetzt werden?
- ☐ Welche Vorgaben aus dem Corporate Design sollten Sie beachten?
- ☐ Gibt es Vorgaben für die Instrumente und deren Einsatz?
- ☐ Welche rechtlichen Einschränkungen sind für Sie wichtig?

Checkliste: Anforderungen an Bilderwelten

- ☐ Drückt die Bilderwelt die Unternehmenspersönlichkeit angemessen aus?
  Ihre Bilderwelt sollte die Merkmale Ihrer Unternehmenspersönlichkeit transportieren. Dies ermöglicht Ihren internen und externen Bezugsgruppen zu erkennen, wer Sie sind, was Sie einzigartig und begehrenswert macht. Das Problem vieler Unternehmensbilder ist, dass sie diese Einzigartigkeit nicht erkennen lassen. Überdies haben sie oft keine positionierende Aussage, sondern dienen lediglich als Blickfänger oder Stimmungselement.
- ☐ Passt die Bilderwelt zur Branche und seinem etablierten Image?
  Menschen lernen das am stärksten, was sich an ihr bereits gelerntes Wissen anlehnt und dieses erweitert. Jedoch darf sich das Wissen nicht zu weit vom gelernten Wissen entfernen (MAYA-Prinzip). Zeigt Ihre Bilderwelt Motive, die die Bezugsgruppen weder mit Ihrer Branche noch mit dem Image verbinden, kann dies zu Verwirrung bis hin zu Ablehnung führen.
- ☐ Entspricht die Bilderwelt dem Lebensstil Ihrer Bezugsgruppen?
  Die Bilderwelt sollte nicht nur Ihre Unternehmenspersönlichkeit ausdrücken, sondern Ihre Bilderwelt sollte auch zu Ihren internen und externen Bezugsgruppen passen. Dies schafft Nähe und ermöglicht Identifikation.
- ☐ Welche Bilderwelten grenzen Sie von der Konkurrenz ab?
  Einzigartigkeit ist eine essenzielle Anforderung an Bilderwelten: So, wie sich die Unternehmen durch ihre Leistung im Wettbewerb abheben müssen (aber immer weniger können), so muss auch die Bilderwelt die Individualität des Unternehmens transportieren. Ein Blick in die Praxis zeigt, dass sich die Bilderwelten vieler Unternehmen kaum voneinander unterscheiden.

Checkliste: Anforderungen an Bilderwelten (Fortsetzung)

- ☐ Welche Erlebnisse erschweren Imitation durch künftige Konkurrenten?
  Ist eine Bilderwelt bei den Bezugsgruppen eingeführt und stark verankert, kann dies andere Unternehmen abhalten, die gleiche Position einzunehmen.
  Eignet sich die Bilderwelt zur Umsetzung in der gesamten Kommunikation? Die Bilderwelt sollte bei allen Kontakten mit den Bezugsgruppen eingesetzt werden können – in der persönlichen Kommunikation, der Print- und der digitalen Kommunikation. Wie klingt Ihre Bilderwelt als Audio?
- ☐ Lassen sich prägnante Umsetzungen für die Bilderwelt finden?
  Bilderwelten wirken am stärksten, wenn sie klar und deutlich sind. Diese Vividness ist eine Schlüsseldimension für die Bildwirkung.
- ☐ Können Sie Unternehmensinformationen und Bilderwelt glaubhaft abstimmen?
  Bezugsgruppen nehmen die Eindrücke des Unternehmens ganzheitlich wahr, also dessen visuelles Erscheinungsbild, dessen Kommunikation und dessen Verhalten. Bilderwelten sollten daher abgestimmt sein, weil sonst Widersprüche auftreten, die zu Vertrauensverlust führen können. Aussehen, Reden und Handeln müssen übereinstimmen.
- ☐ Ist die Bilderwelt des Unternehmens auf die Bilderwelten aus der Marktkommunikation abgestimmt?
  Ganzheitliche Wahrnehmung bedeutet auch, dass die Bilderwelt der Unternehmenspersönlichkeit auch auf die Bilderwelten der Produktpersönlichkeiten (Marken) abgestimmt ist. Optimal ist, wenn sich die Bilderwelten stützen, zumindest sollten sie sich nicht widersprechen.

X2 QUIZ

Hier können Sie Ihr Wissen über Bilder prüfen. Die Auflösung finden Sie weiter unten in X5.

1. Wie viel Prozent aller Informationen aus unserer Umwelt filtern wir unverarbeitet aus, weil unser Gehirn nicht die Kapazität hat, sie zu verarbeiten?
2. Wie viele Informationseinheiten (Bits) kann System 1 (das Unbewusste) verarbeiten, das für Bilder zuständig ist?
3. Wann zeigen wir die ersten Reaktionen auf ein Bild?
4. Wann wird uns bewusst, dass wir auf ein Bild reagiert haben?
5. Wie viele Informationseinheiten verarbeiten wir in Texten pro Sekunde?
6. Wie viele Informationseinheiten verarbeiten wir in Bildern pro Sekunde?
7. Wie viel Prozent der Wirkung von Bildern sind unbewusst?
8. Wie oft werden Bilder schneller wahrgenommen als Texte?
9. Wie lange wird eine Imageanzeige beachtet?
10. Wie lange wird ein Plakat beachtet?
11. Wie lange wird eine Website beachtet?
12. Wie viel Prozent der Aufmerksamkeit bei einer Anzeige entfallen auf die Bilder, wie viel auf Texte?

X3 BILDNACHWEIS

Abb. 1 Gökhan Sen von www.pexels.com
Abb. 2 João Jesus von www.pexels.com
Abb. 3 David Geib von www.pexels.com
Abb. 4 Expect Best von www.pexels.com
Abb. 5 RUN 4 FFWPU von www.pexels.com
Abb. 6 Kelly Lacy von www.pexels.com
Abb. 7 Anna Shvets von www.pexels.com
Abb. 8 Suzy Hazelwood von www.pexels.com
Abb. 9 Asad Photo Maldives von www.pexels.com
Abb. 10 Andrea Piacquadio von www.pexels.com
Abb. 11 Branding Agentur Sturmerprobt, Harald Sturm; Fotografin: Regina Hügli
Abb. 12 Dieter Georg Herbst
Abb. 13 Shvets Productions bei www.pexels.com
Abb. 14 Clark von www.pexels.com
Abb. 15 Dieter Georg Herbst
Abb. 16 Branding Agentur Sturmerprobt, Harald Sturm; Fotografin: Regina Hügli
Abb. 17 Branding Agentur Sturmerprobt, Harald Sturm; Fotografin: Regina Hügli
Abb. 18 Branding Agentur Sturmerprobt, Harald Sturm; Fotografin: Regina Hügli
Abb. 19 Pixabay bei www.pexels.de
Abb. 20 Gratisography von www.pexels.de
Abb. 21 Jill Wellington von www.pexels.com
Abb. 22 JESHOOTS.com von www.pexels.com
Abb. 23 Samer Daboul von www.pexels.com
Abb. 24 Hannah Nelson von www.pexels.com
Abb. 25 RODNAE Productions von www.pexels.com
Abb. 26 Telefónica/O_2
Abb. 27 Telefónica/O_2
Abb. 28 https://www.jswconsulting. de/customer-journey

Abb. 29 Deutsche Post DHL Group, Fotograf: Bernd Opitz
Abb. 30 Deutsche Post DHL Group [https://www.dpdhl-brands.com/en/dhl/key-visuals] zul. 31.07.2022
Abb. 31 Deutsche Post DHL Group, [https://www.dpdhl-brands.com/en/dhl/icons] zul. 31.07.2022
Abb. 32 Deutsche Post DHL Group, [https://www.dpdhl-brands.com/en/dhl/illustrations] zul. 31.07.2022
Abb. 33 Key_visual_DHL_gradient_SC, Deutsche Post DHL Group [https://www.dpdhl-brands.com/en/dhl/key-visuals] zul. 31.07.2022
Abb. 34 Nicholas Qyll
Abb. 35 Karolina Grabowska von www.pexels.com
Abb. 36 Andrea Piacquadio von www.pexels.com
Abb. 37 Dieter Georg Herbst
Abb. 38 Fauxels von www.pexels.com
Abb. 39 Merck, Darmstadt
Abb. 40 Adidas, Herzogenaurach [https://www.adidas-group.com/de/medien/medien-center/#/hauptstandorte-von-adidas] zul. 31.07.2022
Abb. 41 Adidas, Herzogenaurach [https://www.adidas-group.com/de/medien/medien-center/#/hauptstandorte-von-adidas] zul. 31.07.2022
Abb. 42 Adidas, Herzogenaurach [https://www.adidas-group.com/de/medien/medien-center/#/hauptstandorte-von-adidas] zul. 31.07.2022
Abb. 43 Adidas, Herzogenaurach [https://www.adidas-group.com/de/medien/medien-center/#/hauptstandorte-von-adidas] zul. 31.07.2022
Abb. 44 Adidas, Herzogenaurach [https://www.adidas-group.com/de/medien/medien-center/#/hauptstandorte-von-adidas] zul. 31.07.2022
Abb. 45 Gio Galvis-Giron von www.pexels.com/de
Abb. 46 Nicholas Qyll
Abb. 47 Oatly Germany GmbH, Berlin, [https://investors.oatly.com/gallery/6646/grid] zul. 31.07.2022
Abb. 48 Oatly Germany GmbH, Berlin, [https://investors.oatly.com/gallery/6646/grid] zul. 31.07.2022

Abb. 49 Oatly Germany GmbH, Berlin, [https://investors.oatly.com/gallery/6646/grid] zul. 31.07.2022
Abb. 50 Oatly Germany GmbH, Berlin, [https://investors.oatly.com/gallery/6646/grid] zul. 31.07.2022
Abb. 51 Oatly Germany GmbH, Berlin, [https://investors.oatly.com/gallery/6646/grid] zul. 31.07.2022
Abb. 52 Oatly Germany GmbH, Berlin, [https://investors.oatly.com/gallery/6646/grid] zul. 31.07.2022
Abb. 53 Deutsche Post DHL Group, Bonn; Fotograf: Bernd Opitz
Abb. 54 Deutsche Post DHL Group, Bonn; Fotograf: Bernd Opitz
Abb. 55 Deutsche Post DHL Group, Bonn; Fotograf: Bernd Opitz
Abb. 56 Deutsche Post DHL Group, Bonn; Fotograf: Bernd Opitz
Abb. 57 Deutsche Post DHL Group, Bonn; Fotograf: Bernd Opitz
Abb. 58 Deutsche Post DHL Group, Bonn; Fotograf: Bernd Opitz
Abb. 59 Merck, Darmstadt
Abb. 60 Merck, Darmstadt
Abb. 61 Merck, Darmstadt
Abb. 62 Merck, Darmstadt
Abb. 63 Merck, Darmstadt
Abb. 64 congstar GmbH, Köln
Abb. 65 congstar GmbH, Köln
Abb. 66 congstar GmbH, Köln
Abb. 67 congstar GmbH, Köln
Abb. 68 Berliner Stadtreinigung (BSR), Berlin
Abb. 69 Berliner Stadtreinigung (BSR), Berlin
Abb. 70 Berliner Stadtreinigung (BSR), Berlin
Abb. 71 Berliner Stadtreinigung (BSR), Berlin
Abb. 72 Berliner Verkehrsbetriebe (BVG), Berlin
Abb. 73 Berliner Verkehrsbetriebe (BVG), Berlin
Abb. 74 Pixabay von www.pexels.com
Abb. 75 Pavel Danilyuk von www.pexels.com
Abb. 76 Shelagh Murphy von www.pexels.com
Abb. 77 Ketut Subiyanto von www.pexels.com
Abb. 78 Cottonbro von www.pexels.com
Abb. 79 Canva Studio von www.pexels.com
Abb. 80 Andrea Piacquadio von www.pexels.com
Abb. 81 Dieter Georg Herbst

X4 LITERATUR

- ARD/ZDF-Forschungskommission (Hrsg.): ARD/ZDF-Onlinestudie. https://www.ard-zdf-onlinestudie.de/files/2021/PM_ARD_ZDF_Onlinestudie_2021_final.pdf
- Bauer, Joachim (2006): Warum ich fühle, was du fühlst. Intuitive Kommunikation und das Geheimnis der Spiegelneuronen. 4. Auflage. Hamburg
- Bucci, Wilma (1997): Symptoms and symbols. A multiple code theory of Somatization. Psychoanalytic Inquiry. A Topical Journal for Mental Health Professionals, 17 (2), S. 151–172. DOI: 10.1080/07351699709534117
- Damasio, António. (1994): Descartes' Irrtum. Fühlen, Denken und das menschliche Gehirn. Berlin
- Damasio, António (2003): Ich fühle, also bin ich. Die Entschlüsselung des Bewusstseins. 4. Auflage. München
- Davidson, Richard/Begley, Sharon (2012): Warum wir fühlen, wie wir fühlen. Wie die Gehirnstruktur unsere Emotionen bestimmt und wie wir darauf Einfluss nehmen können. München
- Frey, Siegfried (1999): Die Macht des Bildes. Der Einfluss der nonverbalen Kommunikation auf Kultur und Politik. Bern u. a.
- Frieling, Heinrich (2005): Farbe hilft verkaufen. Farbenlehre und Farbenpsychologie für Handel und Werbung. 4. Auflage. Nordheim-Sudheim
- Fuchs, Werner (2015): Warum das Gehirn Geschichten liebt. 3. Auflage. Freiburg
- Grawe, Klaus (2004): Neuropsychotherapie. Göttingen
- Herbst, Dieter Georg (2006): Corporate Identity. 3. Auflage. Berlin
- Herbst, Dieter Georg (2009): Das professionelle 1 x 1. Corporate Identity. Berlin
- Herbst, Dieter Georg (2012): Bilder, die ins Herz treffen. Bremen
- Herbst, Dieter Georg (2016): Bedeutung der Architektur für die Unternehmenskommunikation. In: Bruhn, M./Esch, F.-R./Langner, T. (2016): Handbuch Instrumente der Kommunikation. Grundlagen – Innovative

Ansätze – Praktische Umsetzungen. Wiesbaden

- Herbst, Dieter Georg (2022): Storytelling in den Public Relations. 4. Auflage. Köln
- Herbst, Dieter Georg/Scheier, Christian (2004): Corporate Imagery. Wie Ihr Unternehmen ein Gesicht bekommt. Berlin
- Herbst, Dieter Georg/Schildhauer, Thomas (2020): Public Relations und Digitalisierung. Köln
- Hohwy, Jakob (2014): The Predictive Mind. Oxford
- Jendraczyk, Marion (1991): „Snap Judgments" in der Personenwahrnehmung. Diplomarbeit im Fach Psychologie an der Universität Duisburg
- Kahneman, Daniel (2012): Thinking, Fast and Slow. London
- Kast, Bas (2016). Und plötzlich macht es KLICK! Das Handwerk der Kreativität oder wie die guten Ideen in den Kopf kommen. 5. Auflage. Frankfurt/M.
- Knieper, Thomas/Müller, Marion G. (Hrsg.) (2003): Authentizität und Inszenierung von Bilderwelten. Köln, S. 123–149
- Kroeber-Riel, Werner (1996): Bildkommunikation. München
- Kroeber-Riel, Werner/Esch, Franz-Rudolf (2015): Strategie und Technik der Werbung. Verhaltenswissenschaftliche und neurowissenschaftliche Erkenntnisse. 8. Auflage. Stuttgart
- Lampe, Marie/Wespe, Rolf (2021): Storytelling für Journalisten. Wie baue ich eine gute Geschichte? 5. Auflage. Köln
- Mikunda, Christian (2015): Marketing spüren. Willkommen am Dritten Ort. 4. Auflage. München
- Müller, Marion G. (2003): Grundlagen der visuellen Kommunikation. Konstanz
- Paivio, Allan (1971): Imagery and Verbal Processes. New York u.a.
- Petri, Carlo (1995): Kreativität auf Knopfdruck. Assoziationen als Quelle kreativer Bildideen, 2 Bände. Offenburg
- Pöppel, Ernst (2008): Zum Entscheiden geboren. Hirnforschung für Manager. München
- Qyll, Nicholas (2021): Visual Person Branding: Eine frame-analytische Betrachtung ikonischer Personenmarken. Köln
- Ruge, Hans-Dieter (1988): Die Messung bildhafter Konsumerlebnisse. Heidelberg
- Schierl, Thomas (2017): Text und Bild in der Werbung. Bedingungen,

Wirkungen und Anwendungen bei Anzeigen und Plakaten. 2. Auflage. Köln

- Siegfried Vögele Institut (2003): Gehirnforschung. Neurowissenschaftlich gestützte Werbewirkungs-Forschung. Pilotstudie des Universitätsklinikums Bonn, der Deutschen Post und des Siegfried Vögele Instituts (SVI). Königsstein im Taunus
- Spitzer, Manfred (2007): Lernen. Gehirnforschung und die Schule des Lebens. Heidelberg
- Standing, Lionel (1973): Learning 10000 pictures. Quarterly Journal of Experimental Psychology, 25(2), 207–222. https://doi.org/10.1080/14640747308400340
- Tufte, Edward R. (1990): Envisioning Information. Cheshire
- Wallas, Graham (1926): The Art of Thought. London

X5 AUFLÖSUNG QUIZ

1. Wie viel Prozent aller Informationen aus unserer Umwelt filtern wir heraus, weil unser Gehirn nicht die Kapazität hat, sie zu verarbeiten?
   (98 Prozent)
2. Wie viele Informationen kann System 1 (das Unbewusste) verarbeiten, das für Erlebnisse und Bilder zuständig ist?
   (11 Mio. Informationseinheiten)
3. Wann zeigen wir die ersten Reaktionen auf ein Bild?
   (ab etwa 200 Millisekunden)
4. Wann wird uns bewusst, dass wir auf ein Bild reagiert haben?
   (nach etwa 1–3 Sekunden)
5. Wie viele Informationseinheiten pro Sekunden verarbeiten wir in Texten?
   (40–50) In Bildern? (11 Mio.)
6. Wie viel Prozent der Wirkung von Bildern sind unbewusst?
   (98 Prozent)
7. Wie oft werden Bilder schneller wahrgenommen als Texte?
   (60.000-mal)
8. Wie lange wird eine Imageanzeige beachtet?
   (1,7 bis 2 Sekunden)
9. Wie lange wird ein Plakat beachtet?
   (1 Sekunde)
10. Wie lange wird eine Website beachtet?
    (2–3 Sekunden)
11. Wie viel Prozent einer Anzeige entfallen auf die Aufmerksamkeit für Bilder, wie viel für Texte?
    (76 Prozent entfallen auf das Bild, 16 Prozent auf die Überschrift und nur 8 Prozent auf den Text; die Betrachter nehmen 50 bis 70 Prozent der Bildinformationen auf, aber nur 2 Prozent der Textinformationen – das sind etwa 6 bis 7 Wörter)

X6 INDEX